高职高专土建类专业“十二五”规划教材

工程力学习题集

主　编　殷雨时　赵芳芳　武　斌
副主编　盖　迪　余　沛
参　编　白金婷

图书在版编目(CIP)数据

工程力学习题集/殷雨时,赵芳芳,武斌主编.—武汉:武汉大学出版社,2016.5
高职高专土建类专业“十二五”规划教材
ISBN 978-7-307-17651-5

Ⅰ.工…　Ⅱ.①殷…　②赵…　③武…　Ⅲ.工程力学—高等职业教育—习题集　Ⅳ.TB12-44

中国版本图书馆CIP数据核字(2016)第040169号

责任编辑:胡　艳　　责任校对:汪欣怡　　版式设计:马　佳

出版发行:**武汉大学出版社**　(430072　武昌　珞珈山)
(电子邮件:cbs22@whu.edu.cn 网址:www.wdp.com.cn)
印刷:湖北恒泰印务有限公司
开本:787×1092　1/16　印张:6.25　字数:156千字
版次:2016年5月第1版　2016年5月第1次印刷
ISBN 978-7-307-17651-5　定价:15.00元

前　　言

本书是学习“工程力学”课程的辅助用书，本书旨在帮助读者在掌握工程力学的教学基本内容的基础上，通过做题，扩展知识面，提高分析问题、解决问题和综合运用的能力。本书共分为11章，主要内容包括力的基本知识、平面力系的合成与平衡、杆件的内力分析、平面图形的几何性质、轴向拉压杆的强度及刚度计算，剪切与挤压、圆轴扭转、梁的平面弯曲、组合变形杆件的强度问题、应力状态与强度理论及压杆稳定问题。每章开头都有知识目标及知识点导向图，使读者能从整体上把握各章知识点。习题部分包括判断题、选择题、简答题、计算题等四种题型。

本书由殷雨时、赵芳芳、武斌担任主编，盖迪、余沛担任副主编，白金婷参与编写。编写人员的具体分工为：赵芳芳编写第1~3章，殷雨时编写第7章、第8章、第11章，武斌、余沛编写第4章、第9章、第10章，盖迪编写第5~6章，白金婷负责一部分插图的编辑工作。

本书在编写过程中得到了辽宁省交通高等专科学校、辽宁省交通规划设计院、公路桥梁诊治技术交通运输行业研发中心、商丘工学院的大力支持，在此表示感谢。

由于编者水平有限，不足之处在所难免，敬请读者批评指正。

目　录

知识目标、培养方向

第 1 章　力的基本知识

一、知识目标

- 理解结构或构件必须满足强度、刚度和稳定性等要求，明确工程力学的研究内容和研究任务。
- 掌握力、力矩和力偶三者各自定义、单位、作用效应及其性质等基本概念。
- 掌握静力学四大公理及其推论。
- 熟练掌握工程中常见的几种约束类型及其特点，会确定其约束反力。
- 能够对物体及物体系统进行受力分析，并会画受力图。

二、培养方向

整体上把握工程力学的研究内容及研究意义，培养学生的学习兴趣；通过对基本概念、基本知识的理解和掌握，使学生对工程力学有个初步认识，联系工程实际，充分发挥学生空间想象能力，会对结构进行简化，并进行受力分析，画受力图，为接下来工程力学的综合计算打好基础。

知识点导向图

- 力的基本知识
  - 力的基本知识
    - 力的定义、三要素及表示方法
    - 静力学四大公理及其推论
      - 二力平衡公理 ⇒ 二力构件
      - 加减平衡公理 ⇒ 力的可传性原理
      - 力的平行四边形法则 ⇒ 三力平衡汇交定理
      - 作用与反作用公理
    - 力对点之矩：$M_o(F) = \pm Fd$
    - 力偶：$M = \pm Fd$
  - 物体的受力分析、受力图
    - 几种常见的约束及其特点
      - (1)柔索约束：一个力，沿着柔索背离物体
      - (2)光滑接触面约束：一个力，沿着公法线指向物体
      - (3)光滑圆柱铰约束：两个力，水平和竖直方向
      - (4)固定铰支座：两个力，水平和竖直方向
      - (5)活动铰支座：一个力，一般垂直于支承面
      - (6)固定端：三个力：水平力、竖直力及力偶
    - 受力分析，画受力图
      - (1)确定研究对象
      - (2)对研究对象进行受力分析，画受力图
        - 画出所有的主动力
        - 画出所有约束反力

一、判断题

1. 力是物体之间的相互机械作用。　(　　)
2. 刚体是变形非常小的物体。　(　　)
3. 刚体受三个共面但互不平行的力作用而平衡时，三力必汇交于一点，反之三力汇交于一点，刚体必平衡。　(　　)
4. 二力平衡公理、作用力与反作用力公理是同一概念。　(　　)
5. 两端受一对等值、反向的共线力作用的构件称为二力杆。　(　　)
6. 力矩的单位是 N · m 或者 kN · m。　(　　)
7. 若力的大小等于零，则力对任意点的矩恒等于零。　(　　)
8. 力对点之矩与矩心位置有关，而力偶矩则与矩心位置无关。　(　　)
9. 力偶可以用一个力来代替，或与一个力平衡。　(　　)
10. 力偶对其作用面内任意点的力矩值恒等于此力偶的力偶矩，同时与力偶矩之间的相对位置相关。　(　　)

二、单项选择题

1. 物体的受力效果取决于力的(　　)。

(A)大小　(B)方向

(C)作用点　(D)大小、方向、作用点

2. 根据三力平衡汇交条件，只要知道平衡刚体上作用线不平行的两个力，即可确定第三个力的(　　)。

(A)大小　(B)方向

(C)大小和方向　(D)作用点

3. 某刚体连续加上(或减去)若干个平衡力系，对该刚体的作用效应(　　)。

(A)不变　(B)不一定改变

(C)改变　(D)可能改变

4. 物体系中的作用力和反作用力应是(　　)。

(A)等值、同向、共线　(B)等值、反向、共线、同体

(C)等值、反向、共线、异体　(D)等值、同向、共线、异体

5. (　　)是一种自身不平衡，也不能用一个力来平衡的特殊力系。

(A)重力　(B)共点二力

(C)力偶　(D)力矩

6. 如图所示重量为 G 的木棒，一端固定在铰链顶板上 A 点，用一个与棒始终垂直的力 F 在另一端缓慢将木棒提起的过程中，F 和它对 A 点之矩的变况是(　　)。

(A)力变小，力矩变小　(B)力变小，力矩变大

(C)力变大，力矩变大　(D)力变大，力矩变小

7. 约束力的方向必与(　　)的方向相反。

(A)主动力　(B)物体被限制运动

(C)重力　(D)内力

8. 柔性约束的约束力方向总是(　　)受约束物体。

(A)铅垂指向　(B)沿绳索指向

(C)沿绳索背离　(D)水平指向

9. 光滑面约束的约束力总对受力物体形成(　　)作用。

(A)压力　(B)拉力

(C)牵引力　(D)摩擦力

10. 凡能使物体运动或有运动趋势的力称为(　　)。

(A)主动力　　　　(B)约束力

(C)内力　　　　　(D)外力

三、作图题

1. 画出下图中杆 AB、BD 及圆轮 C 的受力图。

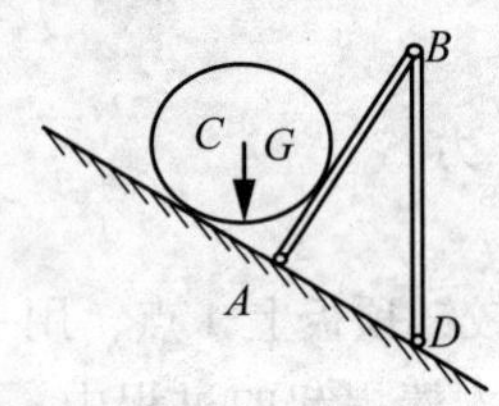

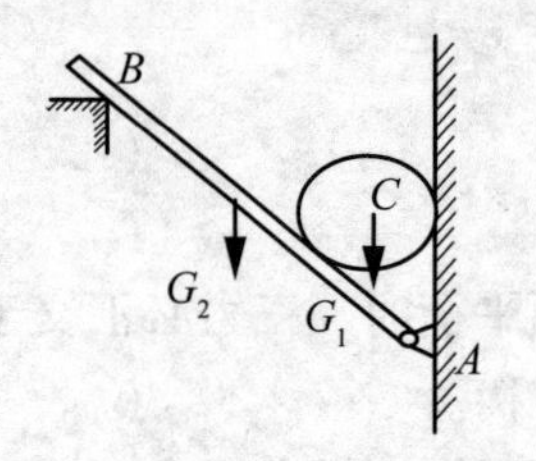

2. 画出下图中圆轮的受力图。

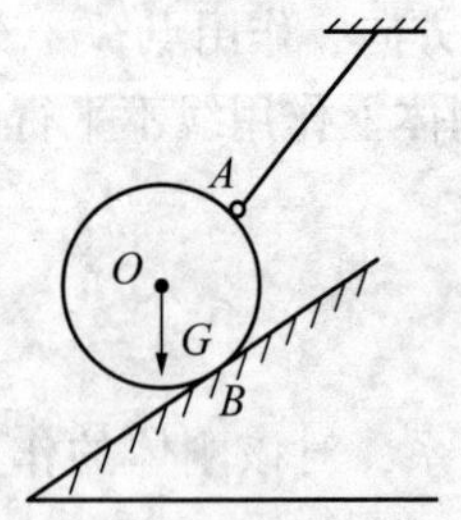

班级________ 姓名________ 学号________

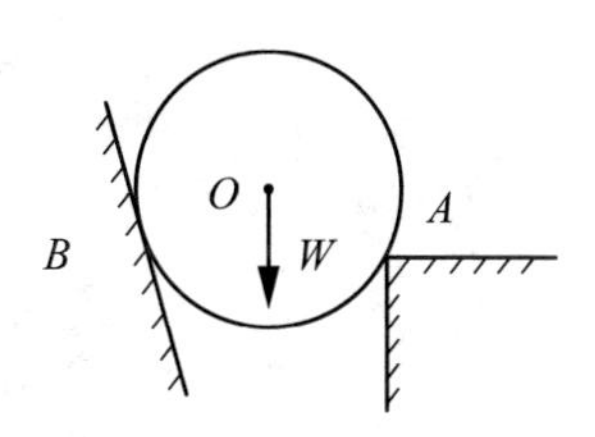

3. 画出下图中杆件 AB 的受力图。(注：未标注杆自重的视为不计自重)

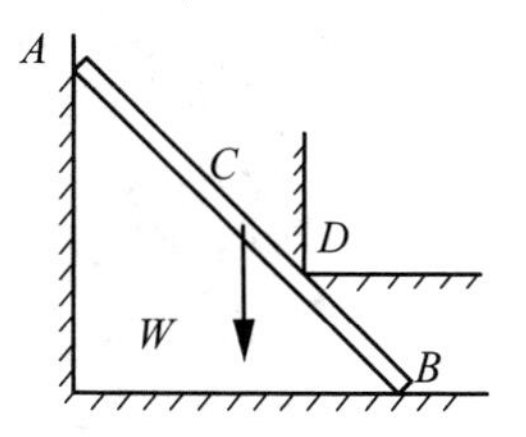

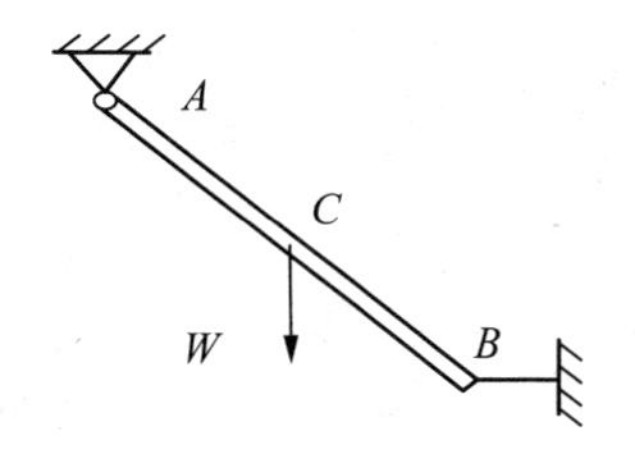

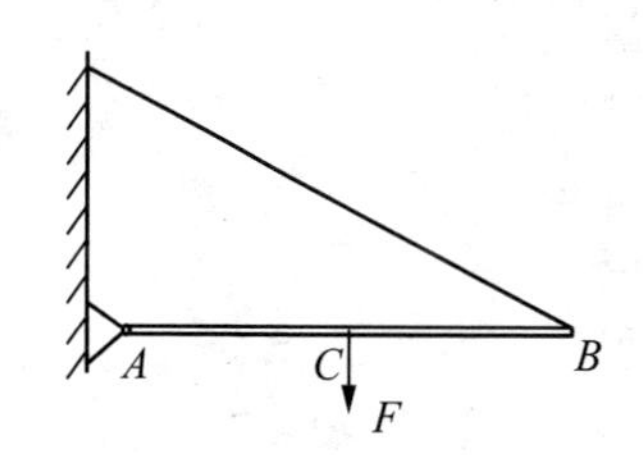

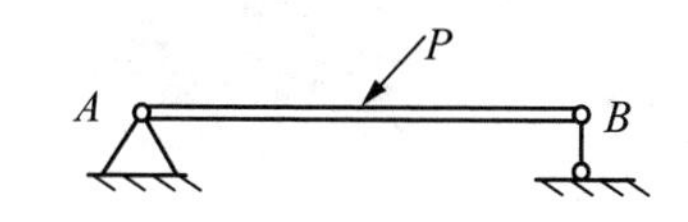

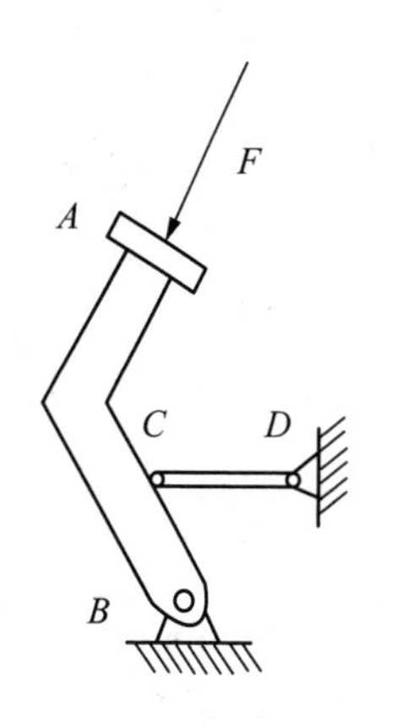

4. 画出杆件 AB、BC 的受力图，其中杆件不计自重。

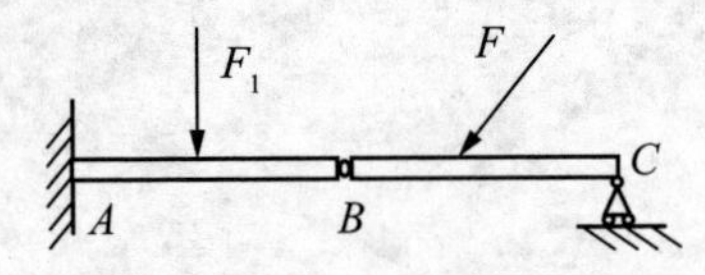

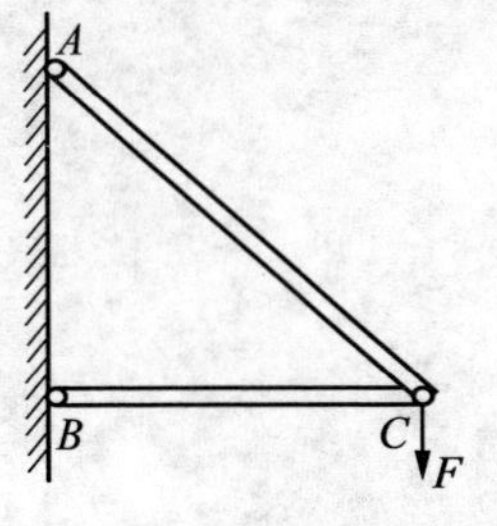

（力 F 作用在销钉 C 上）

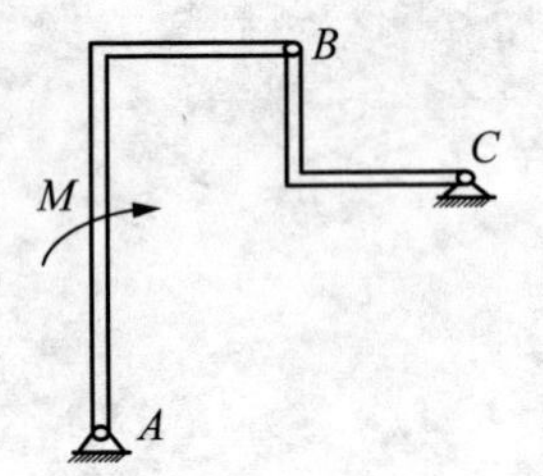

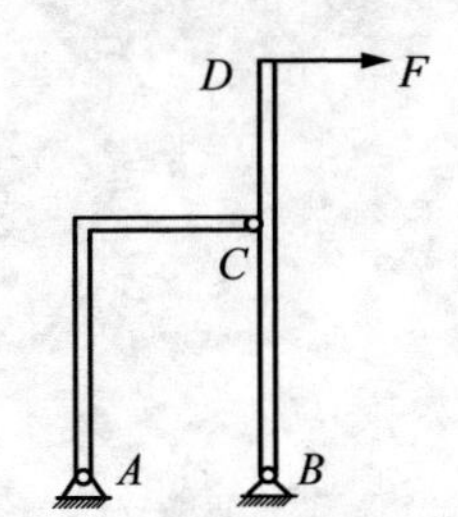

5. 试作图示结构 AB、BC 及整体的受力图。

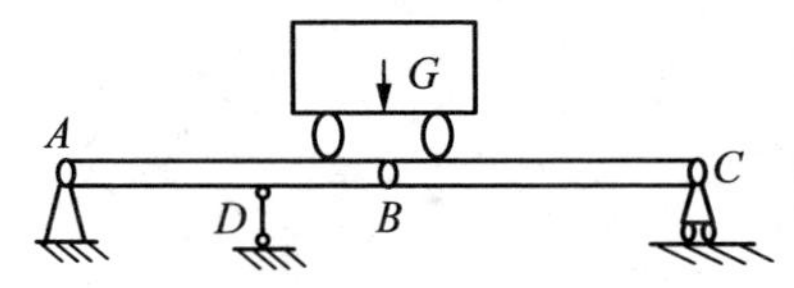

四、简答思考题

1. 为保证机器、建筑物等零件或构件在外力作用下正常工作，必须满足什么要求？

2. 简述静力学四大公理及其推论。

3. 什么是二力构件？其受力情况与构件的形状有无关系？

4. 二力平衡条件与作用力与反作用原理都是说二力等值、反向、共线，问两者有什么区别？

5. 试比较力矩与力偶矩的异同。

6. 常见的约束有哪几种类型？各类约束的约束反力如何确定？

7. 写出画受力图的基本步骤。

8. 如图所示，作用在 A 点的力 F 沿其作用线移至 B 点，思考是否会改变该力对 O 点之矩？

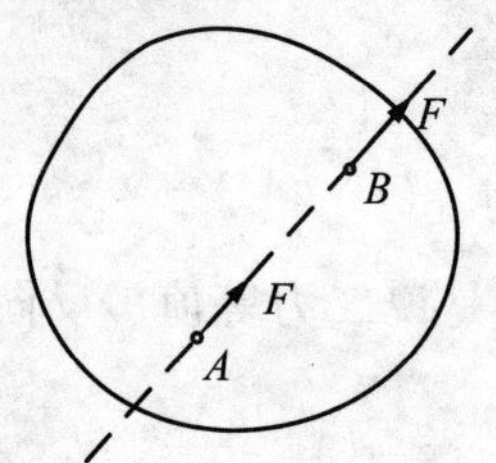

9. 如图所示的四个力偶，哪些是等效的？

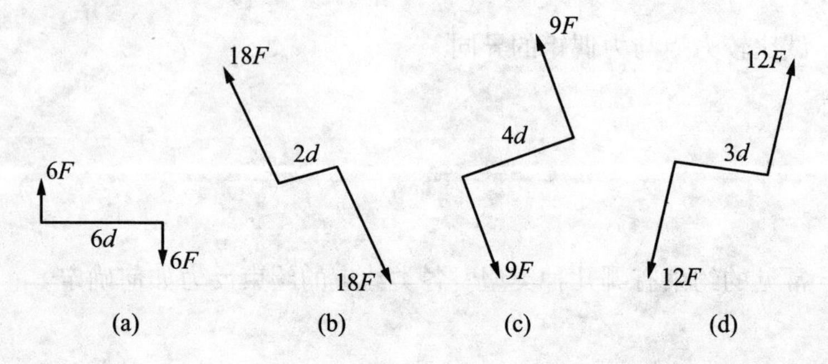

五、计算题

1. 试计算图中 F_1、F_2 对 O 点的力矩。

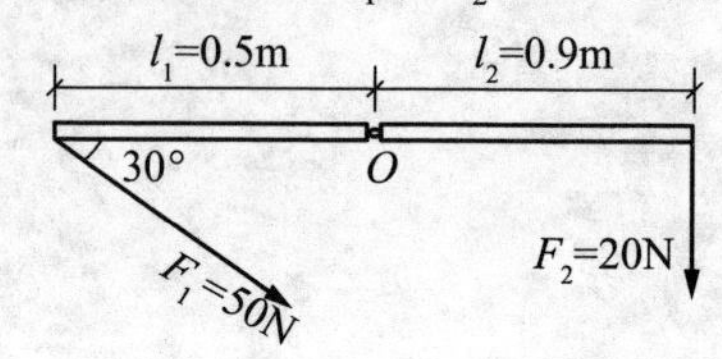

2. 试计算图中力 F 对 A 点的力矩。

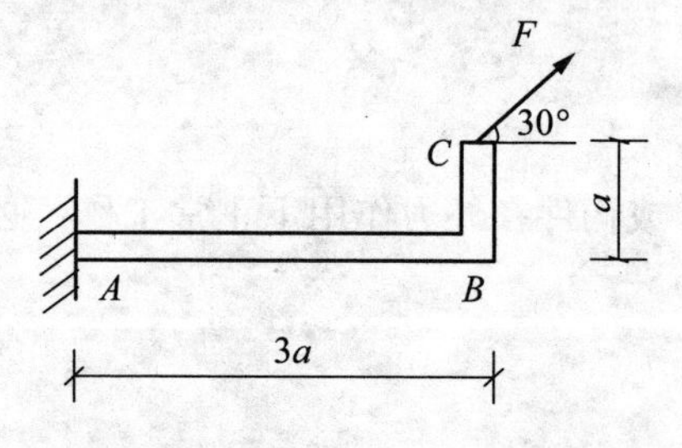

3. 分别计算力 $\boldsymbol{F}$ 对 A、B、C、D 各点的矩。

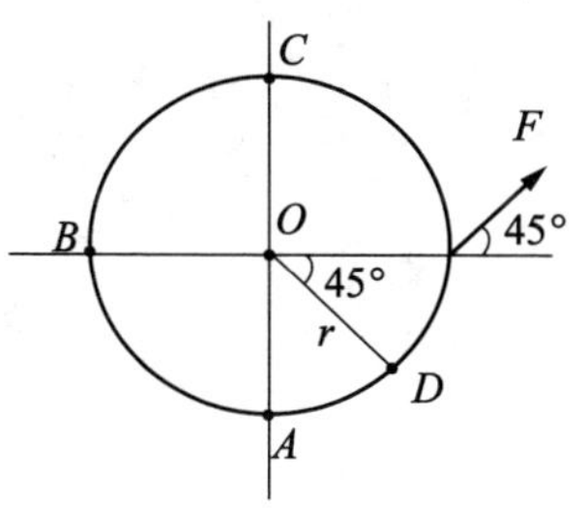

4. 分别计算图中四个力 F_1、F_2、F_3、F_4 对 B 点之矩。

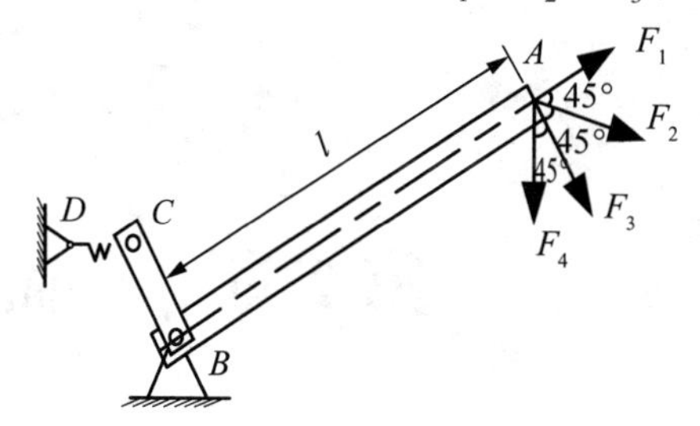

知识目标、培养方向

第2章　平面力系的合成与平衡

一、知识目标

- 了解各类力系的分类依据。
- 掌握平面汇交力系合成与平衡的两种方法：几何法、解析法。
- 掌握平面力偶系的合成方法及其平衡方程的应用。
- 掌握力线平移定理。
- 掌握平面一般力系的简化结果、平衡的必要和充分条件及其平衡方程不同形式的应用条件。

二、培养方向

将空间力系进行平面简化，根据力的作用线的位置不同，对平面力系进行分类，研究力系的合成和平衡问题，培养学生的空间思维能力及力学计算能力，为将来的结构设计打好基础。

知识点导向图

平面力系的合成与平衡

- 平面汇交力系
  - 几何法
    - 合成：平行四边
    - 平衡：力的多边形法则
  - 解析法
    - 合成
      - 大小：$F_R = \sqrt{\left(\sum F_{xi}\right)^2 + \left(\sum F_{yi}\right)^2}$
      - 方向：$\tan\alpha = \left|\dfrac{\sum F_{xi}}{\sum F_{yi}}\right|$
    - 平衡
      - $\sum F_{xi} = 0$
      - $\sum F_{yi} = 0$
- 平面平行力系　$\sum F_{xi} = 0$ 或 $\sum F_{yi} = 0$
- 平面力偶系
  - 合成：$m_R = m_1 + m_2 + \cdots + m_n = \sum M_i$
  - 平衡：$\sum M_i = 0$
- 平面一般力系
  - 合成：根据力线平移定理
    - 主矢(平面汇交力系)$F_R = \sum F_i$
    - 主矩(平面力偶系)：$M_0 = \sum m_0(F_i)$
  - 平衡：
    - $\sum F_{xi} = 0$
    - $\sum F_{yi} = 0$
    - $\sum M_i = 0$

一、判断题

1. 若力系中各力的作用线在同一个平面内，则该力系称为平面力系。　（　　）
2. 用解析法求平面汇交力系的合力时，选取的直角坐标系不同，则所求得的合力也不同。　（　　）
3. 两个力 F_1、F_2在同一轴上的投影相等，则这两个力一定相等。　（　　）
4. 力 F 在某坐标轴上的投影为零，则该力一定为零。　（　　）
5. 平面力偶系平衡的充分必要条件是 $\sum M_i = 0$。　（　　）
6. 力线平移和力沿作用线移动对物体的作用效果相同。　（　　）
7. 若一平面力系向其作用面内某点简化后主矩为零，主矢也为零，则该力系为平衡力系。　（　　）
8. 力偶系的主矢为零。　（　　）
9. 合力矩定理只适用于刚体。　（　　）
10. 当整个物体系平衡时，则组成物体系的每一个物体也都平衡。　（　　）

二、单项选择题

1. 图示中力多边形自行封闭的是(　　)。

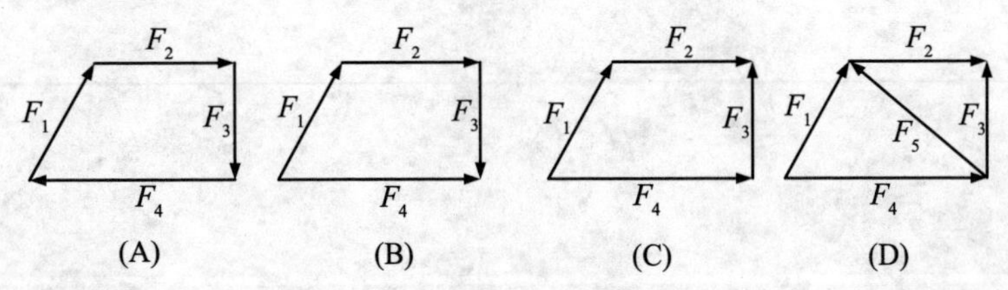

2. 图示多轴钻床同时加工某工件上的四个孔，钻孔时每个钻头的主切削力组成一个力偶矩为：$M_1 = M_2 = M_3 = M_4 = 15\text{N}\cdot\text{m}$，$l = 200\text{mm}$，那么加工时两个固定螺钉 A 和 B 所受的力是(　　)。

(A) $F_A = F_B = 150\text{N}$　　(B) $F_A = F_B = 300\text{N}$

(C) $F_A = F_B = 200\text{N}$　　(D) $F_A = F_B = 250\text{N}$

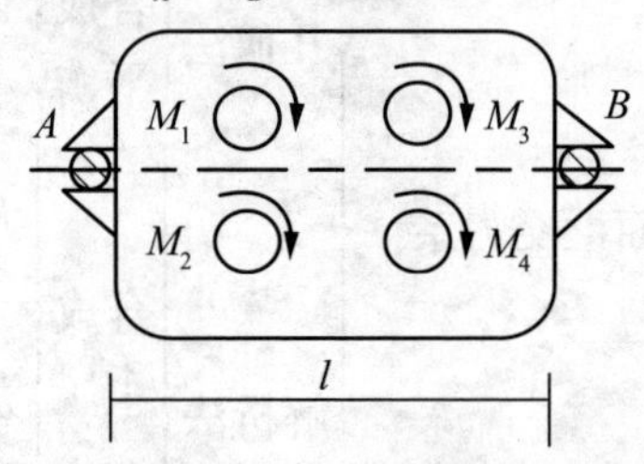

3. 平面汇交力系最多可列出的独立平衡方程数为(　　)。

(A)2 个　(B)3 个　(C)4 个　(D)6 个

4. 一个力作平行移动后，新作用点上的附加力偶一定(　　)。

(A)存在且与平移距离有关　(B)存在且与平移距离无关

(C)不存在　(D)等于零

5. 平面任意力系平衡的充分必要条件是(　　)。

(A)合力为零

(B)合力矩为零

(C)各分力对某坐标轴投影的代数和为零

(D)主矢与主矩均为零

6. 若某刚体在平面任意力系作用下平衡，则此力系各分力对刚体(　　)之矩的代数和必为零。

(A)特定点　(B)重心

(C)任意点　(D)坐标原点

三、简答思考题

1. 平面一般力系平衡方程有几种表达形式？各有什么条件限制？

2. 试分析说明力系的主矢、主矩与合力、合力偶的区别与联系。

3. 分别写出平面汇交力系、平面力偶系与平面一般力系的平衡方程。

4. 什么是力线平移定理？

5. 如图所示的结构中，如果将作用在构件 AC 上的力偶 m 移动到构件 BC 上，思考 A、B、C 三处的反力有无变化？

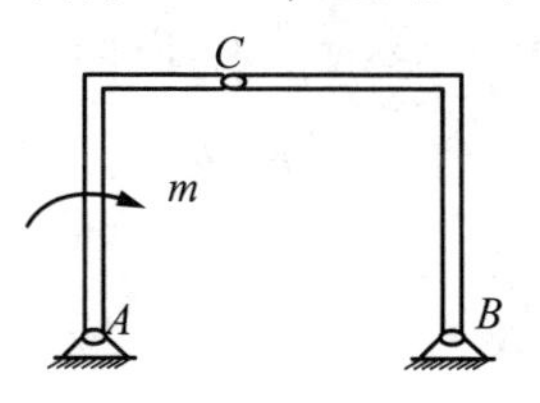

6. 简支梁 AB 受载荷作用情况分别如图(a)、图(b)、图(c)所示，现分别用 F_{N1}、F_{N2}、F_{N3} 表示三种情况下支座 B 的反力，讨论它们之间的关系。

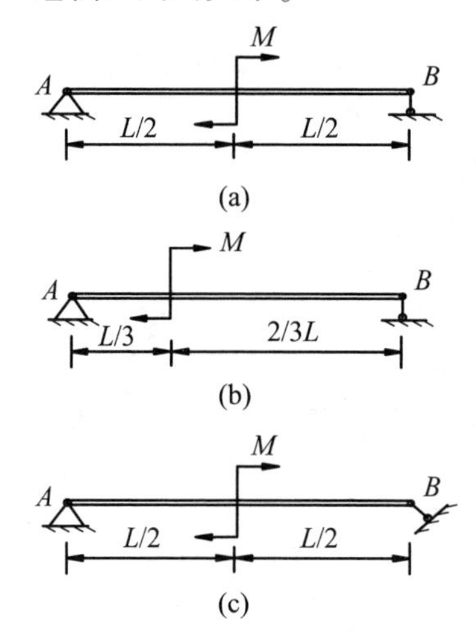

四、计算题

1. 杆 AC、BC 在 C 处铰接，另一端均与墙面铰接，如图所示，F_1 和 F_2 作用在销钉 C 上，$F_1=445\text{N}$，$F_2=535\text{N}$，不计杆自重，试求两杆所受的力。

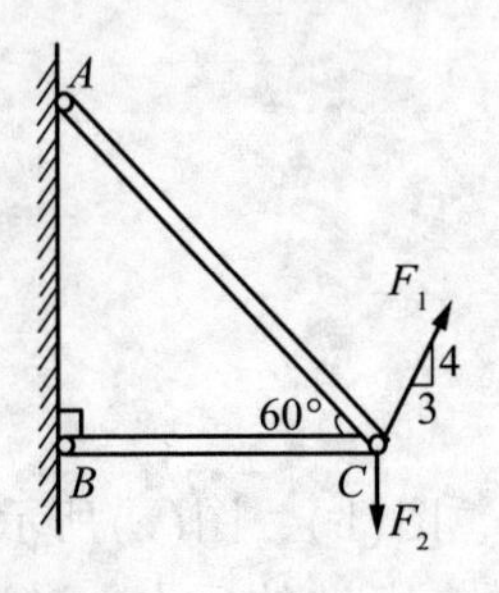

2. 如图所示为三角形支架，B 处承荷载 $P=36\text{kN}$，试计算 AB 杆及 BC 杆所受的力。

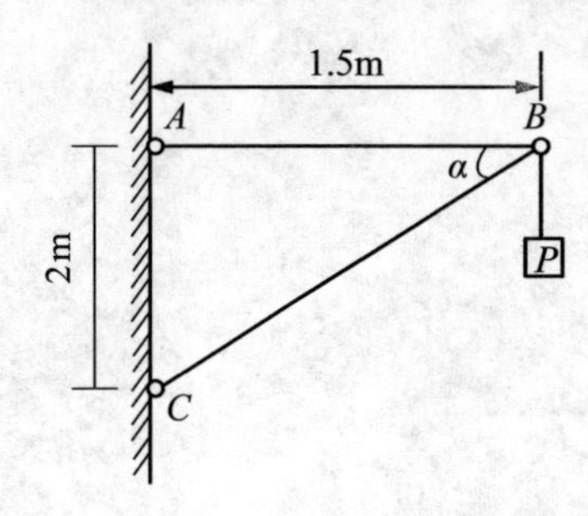

3. 如图所示，在简支梁 AB 的中点 C 作用一个倾斜 45°的力 F，力的大小等于 20kN，如果梁的自重不计，试求两支座的约束反力(利用汇交力系平衡方程求解)。

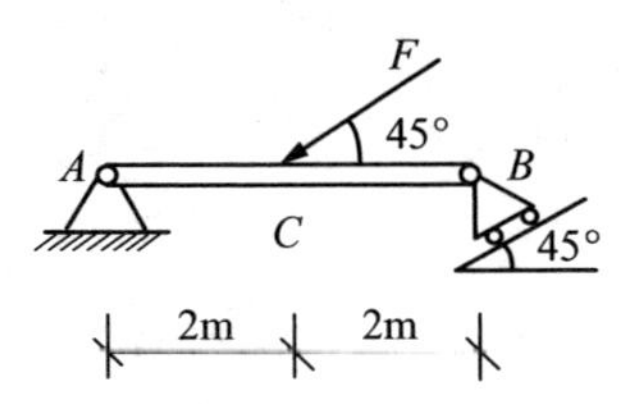

4. 如图所示结构中，略去各构件自重，在构件 AB 上作用一力偶矩为 M 的力偶，求支座 A、C 的支座反力。

5. 构件的支承及载荷情况如图所示，求支座 A、B 的约束反力。

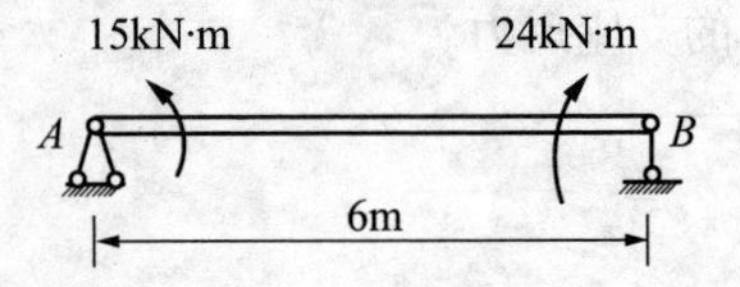

6. 齿轮箱的两个轴上作用的力偶如图所示，它们的力偶矩的大小分别为 $M_1 = 500\text{N}\cdot\text{m}$，$M_2 = 125\text{N}\cdot\text{m}$。求两螺栓处的铅垂约束力(图中长度单位为 cm)。

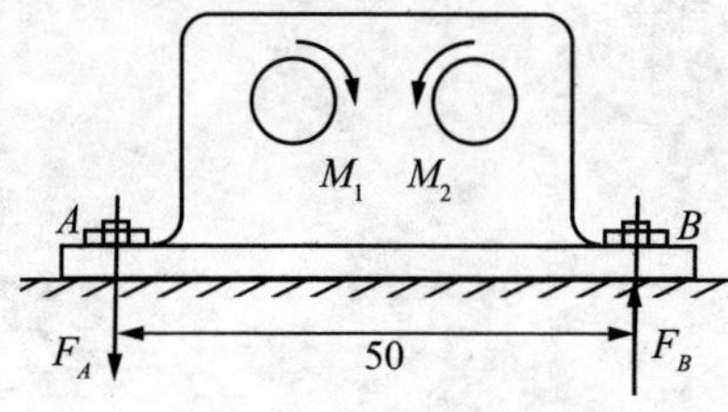

7. 试求图示梁支座的约束反力(图中 F 已知)。

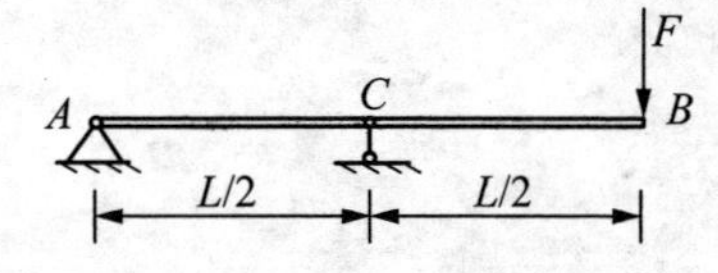

8. 试求图示梁支座的约束反力。

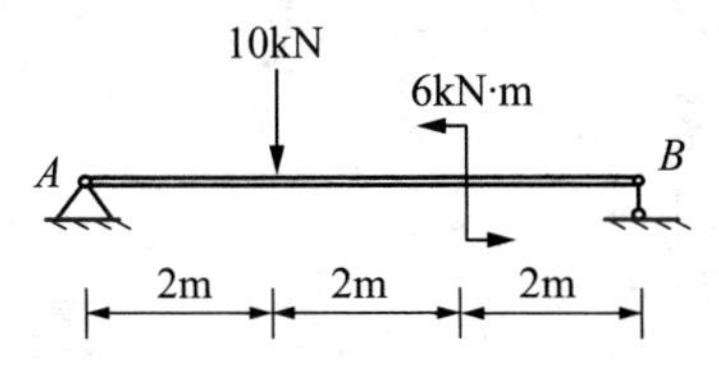

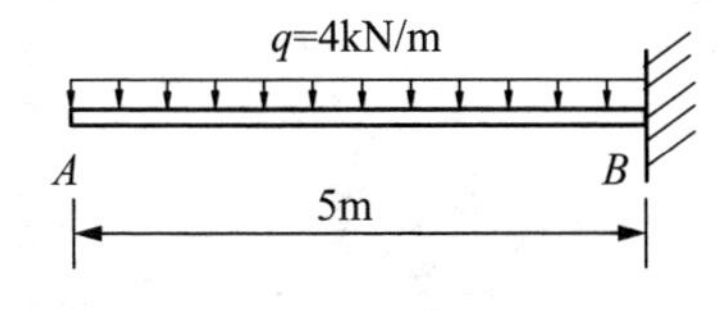

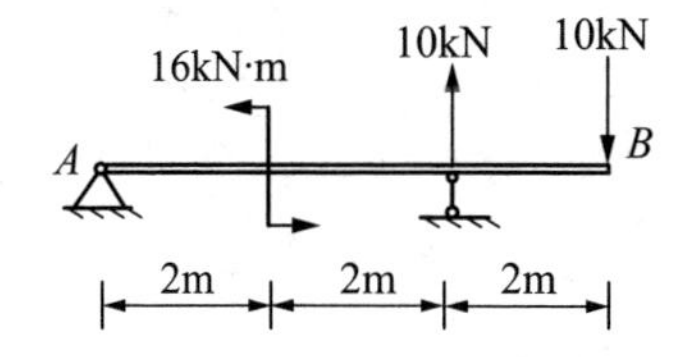

9. 在图示结构中，各构件的自重不计，在构件 BC 上作用一力偶矩为 M 的力偶，各尺寸如图所示，求支座 A 的约束反力。

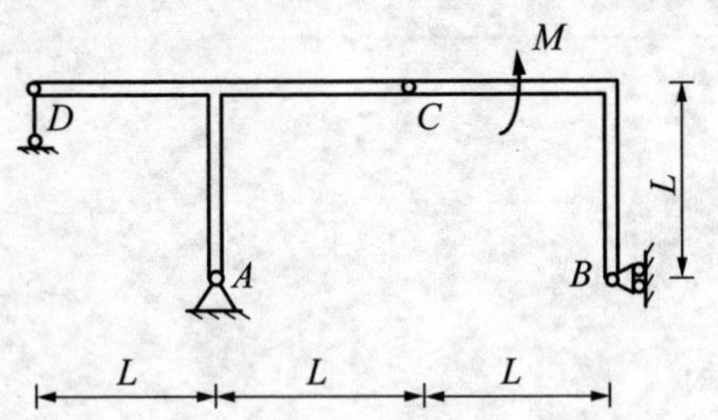

10. 求图示刚架 A、D 支座反力及 C 铰约束力。

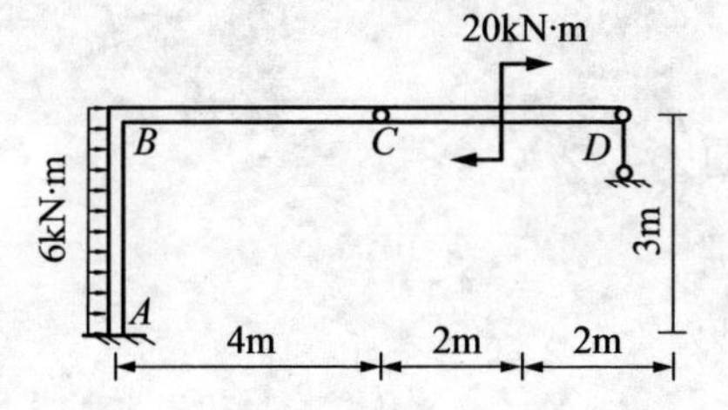

11. 如图所示，由 AB 和 BC 构成的组合梁通过铰链 B 链接，C 处可动铰支座支承面与水平方向成 45°，支承和受力如图。梁自重不计，$F=10\text{kN}$，$a=1\text{m}$，试求支座 A、C 和 D 的约束力。

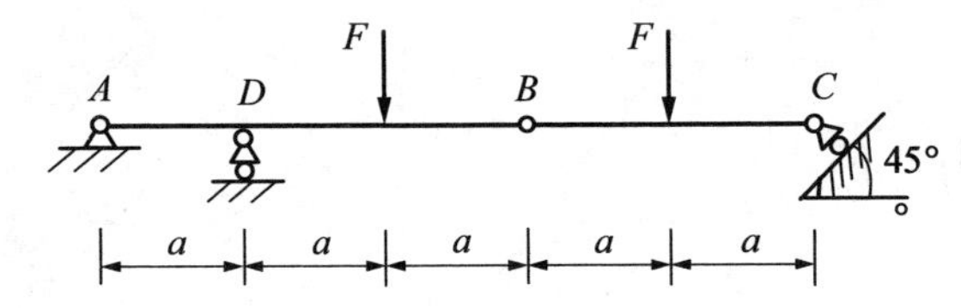

知识目标、培养方向

第3章　杆件的内力分析

一、知识目标

- 了解材料力学的研究前提，即四个基本假设。
- 掌握内力的研究方法——截面法。
- 理解、掌握杆件变形的基本形式及各类变形内力的表示方法、正负号的判别。
- 熟练掌握求解杆件的内力及画内力图。
- 理解梁的弯矩、剪力及荷载集度之间的微分关系及其在内力图中的应用。

二、培养方向

掌握杆件几种基本的变形形式，内力及内力图，培养学生力学计算和作图能力，会应用力学知识来分析实际问题，为接下来进行杆件的强度、刚度、稳定性分析打好基础。

知识点导向图

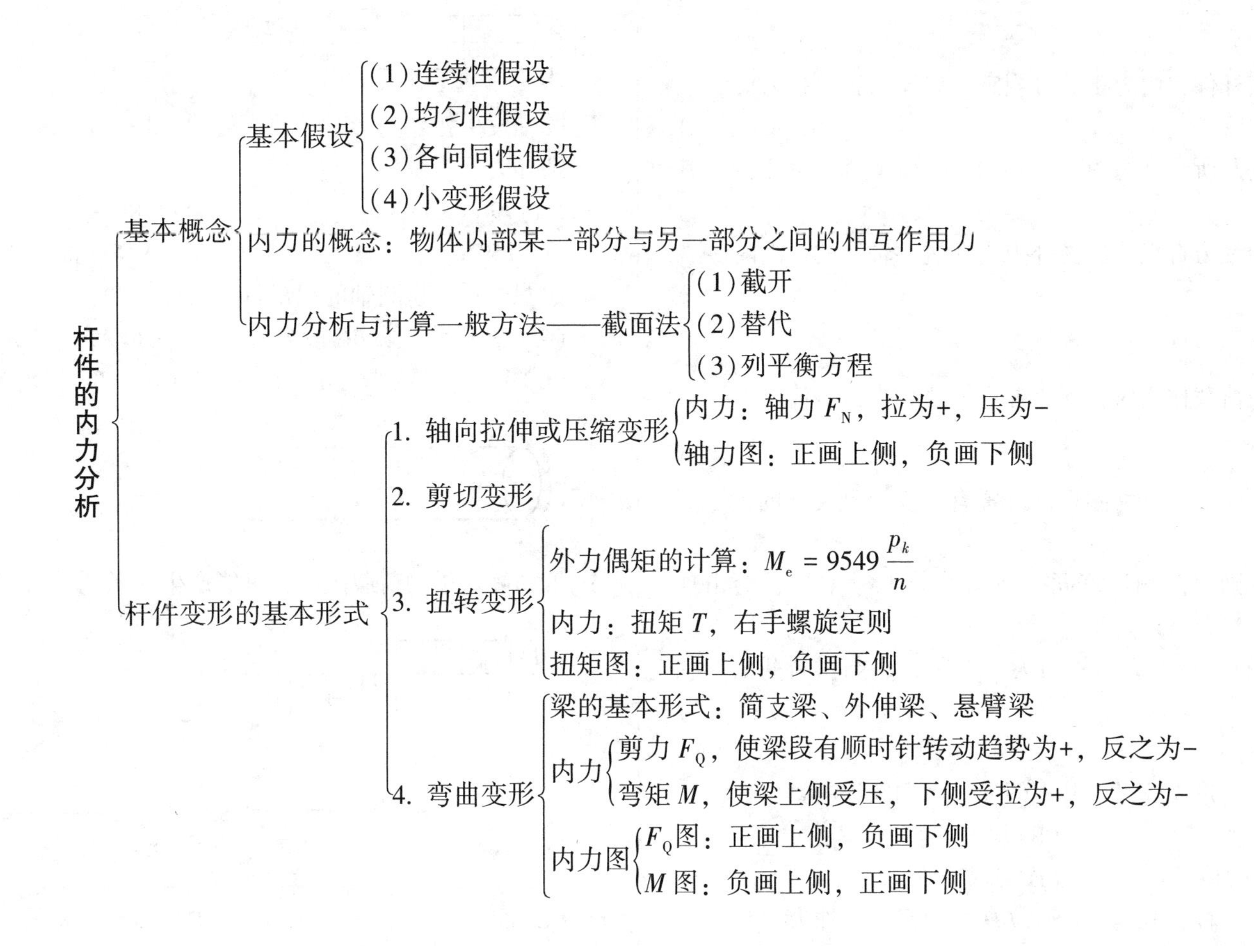

杆件的内力分析
基本概念
基本假设
(1)连续性假设
(2)均匀性假设
(3)各向同性假设
(4)小变形假设
内力的概念：物体内部某一部分与另一部分之间的相互作用力
内力分析与计算一般方法——截面法
(1)截开
(2)替代
(3)列平衡方程
杆件变形的基本形式
1. 轴向拉伸或压缩变形
内力：轴力 F_N，拉为+，压为-
轴力图：正画上侧，负画下侧
2. 剪切变形
3. 扭转变形
外力偶矩的计算：$M_e = 9549\frac{p_k}{n}$
内力：扭矩 T，右手螺旋定则
扭矩图：正画上侧，负画下侧
4. 弯曲变形
梁的基本形式：简支梁、外伸梁、悬臂梁
内力
剪力 F_Q，使梁段有顺时针转动趋势为+，反之为-
弯矩 M，使梁上侧受压，下侧受拉为+，反之为-
内力图
F_Q图：正画上侧，负画下侧
M 图：负画上侧，正画下侧

一、判断题

1. 杆件受到外力的基本变形分为：轴向压拉变形、挤压变形、扭转变形、弯曲变形。（　）
2. 内力是物体内分子间的结合力。（　）
3. 轴向拉伸压缩杆件，内力正负号规定，以压为正，拉为负。（　）
4. 已知二轴长度及所受外力矩完全相同，二轴截面尺寸不同，其扭矩图相同。（　）
5. 平面弯曲梁的受力特点是所受外力均在过梁轴线的平面内。（　）
6. 以弯曲变形为主的杆件称为梁。（　）
7. 简支梁受均布荷载作用时，支座处弯矩值最大，且值为$\frac{ql^2}{8}$。（　）
8. 集中力所在截面上，剪力图在该位置有突变，且突变的大小等于该集中力。（　）
9. 弯曲杆件，分别由两侧计算同一截面上的F_Q、M时，会出现不同的结果。（　）
10. 杆件的内力的大小不但与外力大小有关，还与材料截面形状有关。（　）

二、单项选择题

1. 材料力学对可变形固体做的基本假设，下列错误的是（　）。

(A)连续性假设　　(B)均匀性假设

(C)各向异性假设　　(D)小变形假设

2. 如图所示阶梯形杆，AB段为钢，BD段为铝，在外力F作用下（　）。

(A)AB段轴力最大　　(B)BC段轴力最大

(C)CD段轴力最大　　(D)三段轴力一样大

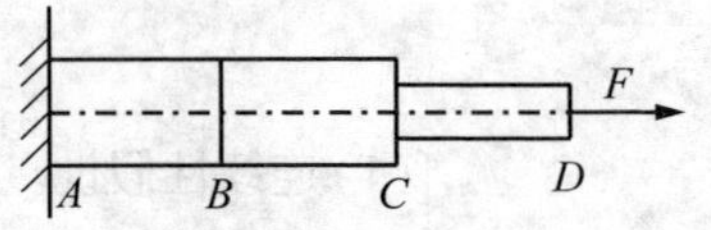

3. 圆轴发生扭转变形时，输入的功率是12kW，转速是240r/min，则外力偶矩是（　）。

(A)796N·m　　(B)478N·m

(C)159N·m　　(D)512N·m

4. 如图所示受扭圆轴的扭矩符号为（　）。

(A)AB段为正，BC段为负　　(B)AB段为负，BC段为正

(C)AB、BC段均为正　　(D)AB、BC段均为负

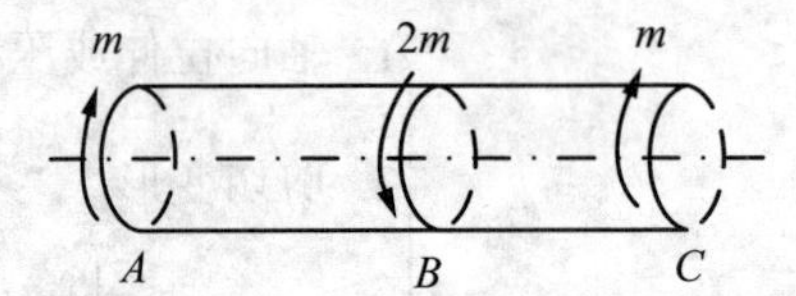

5. 下列静定梁的荷载图中，可能产生图示的剪力图的是（　）。

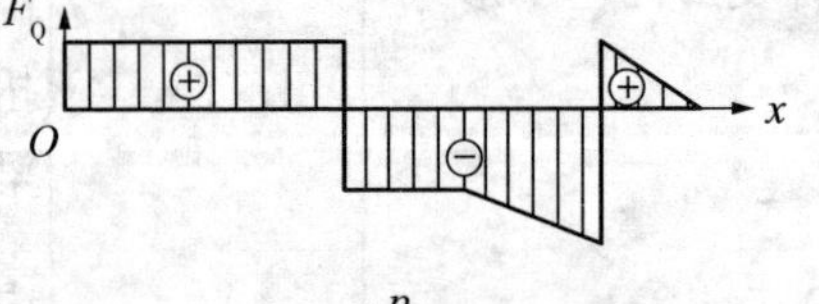

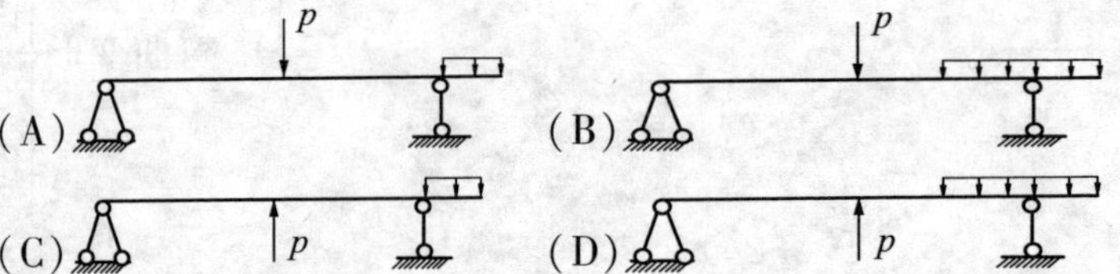

6. 梁受力如图所示，在B截面处（　）。

(A)剪力图有突变，弯矩图连续光滑
(B)剪力图有折角(或尖角)，弯矩图有突变
(C)剪力图有突变，弯矩图也有突变
(D)剪力图没有突变，弯矩图有突变

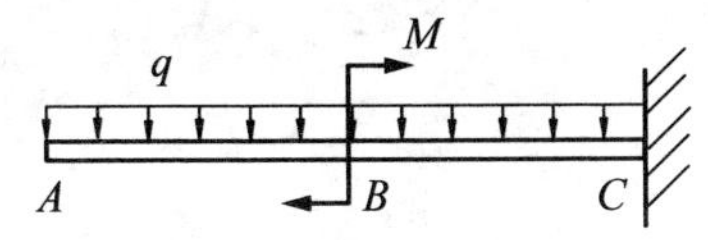

7. 关于梁弯曲截面上的内力，下列叙述正确的是(　　)。
(A)既有剪力又有弯矩　　(B)只有轴力
(C)只能有剪力　　(D)只能有弯矩

8. 长度为 L 的简支梁上作用了均布荷载 q，根据剪力、弯矩和分布载荷间的微分关系，可以确定(　　)。
(A)剪力图为水平直线，弯矩图是抛物线
(B)剪力图是抛物线，弯矩图是水平直线
(C)剪力图是斜直线，弯矩图是抛物线
(D)剪力图是抛物线，弯矩图是斜直线

三、简答思考题

1. 请以横截面左半部分为隔离体在横截面上以正值形式画出轴力、扭矩、剪力及弯矩。

2. 写出内力的一般分析方法及其方法的步骤。

3. 怎么确定内力图的控制面?

4. 在怎样的截面处内力图有突变? 请分别说明。

5. 什么是纵向对称面? 什么是平面弯曲?

6. 单跨静定梁有几种类型? 分别介绍它们的特点。

7. 轴向拉压杆、扭转杆件及梁的受力特点和变形特点是什么样的?

8. 利用方程作剪力图、弯矩图的步骤有哪些？

四、计算题

1. 拉伸或压缩杆如图所示，试用截面法求杆上各段轴力，并画出各杆的轴力图。

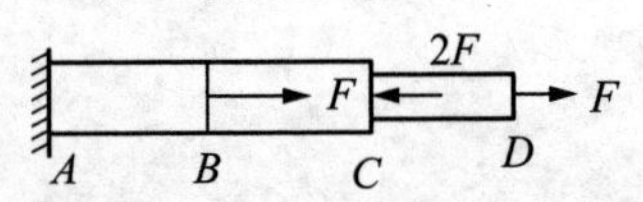

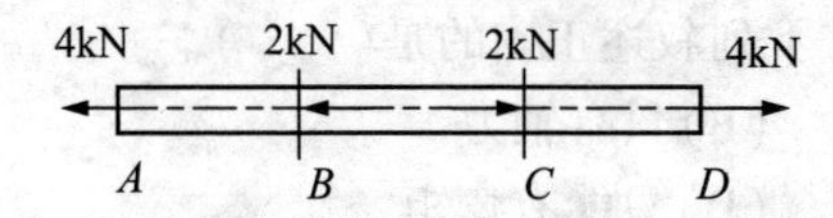

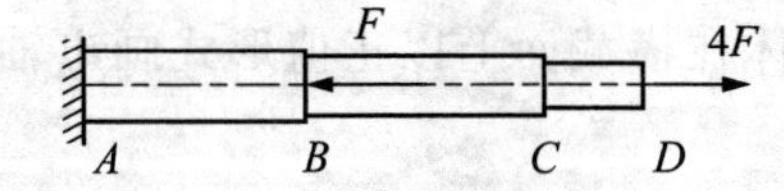

2. 试求图示各杆件各截面上的轴力，并作轴力图。

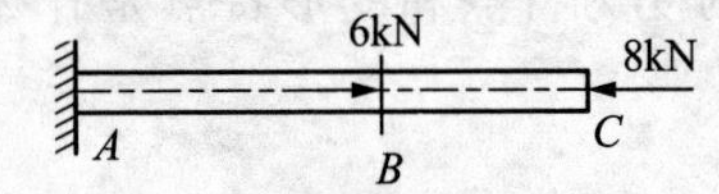

3. 求如图所示各轴 1—1、2—2 截面上的扭矩，并作各轴的扭矩图。

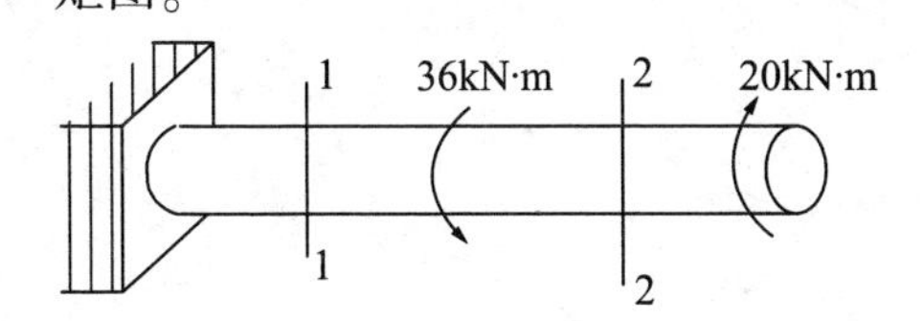

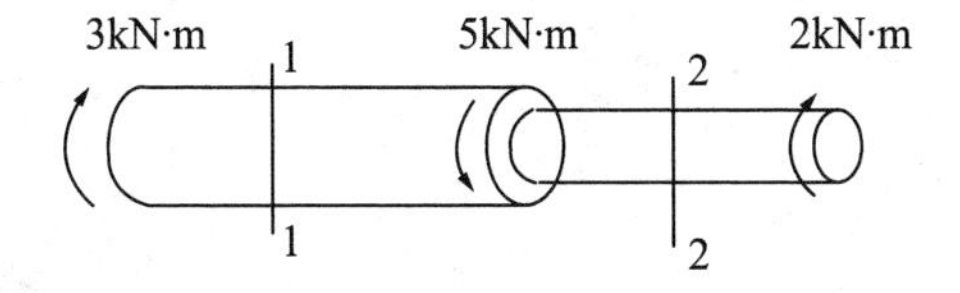

4. 试计算图示各梁指定截面(标有细线者)的剪力与弯矩。

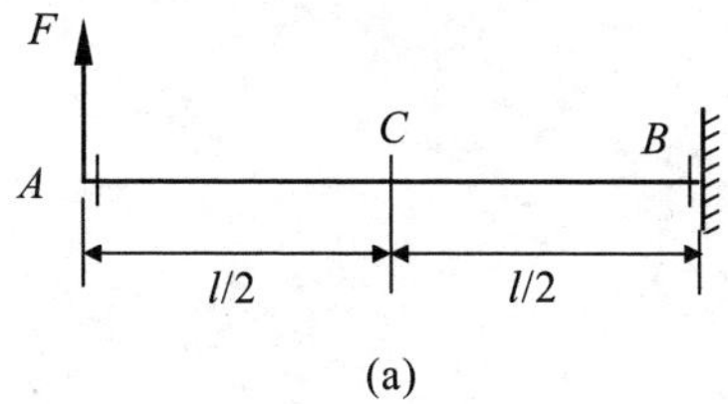

(a)

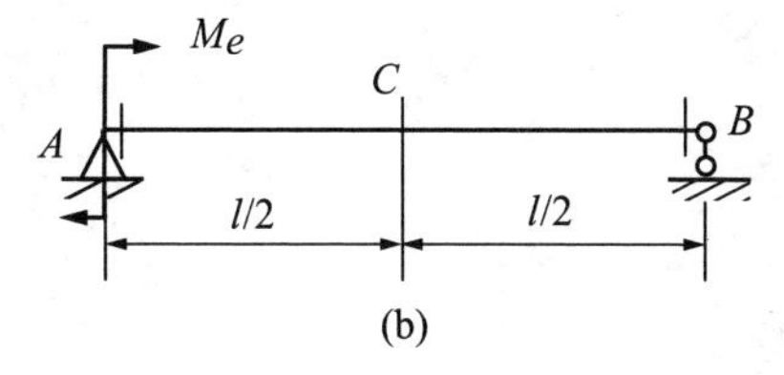

(b)

(d)

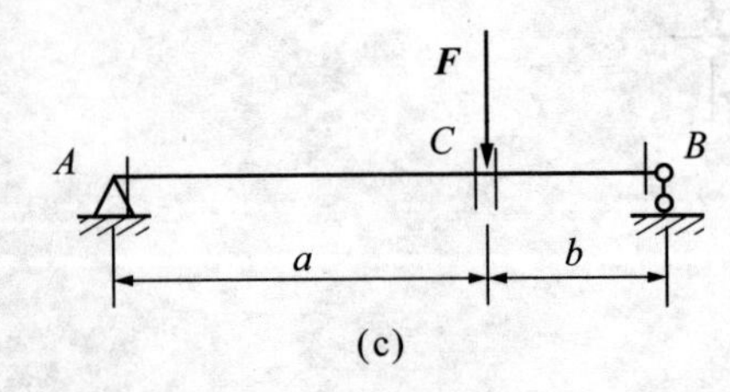

(c)

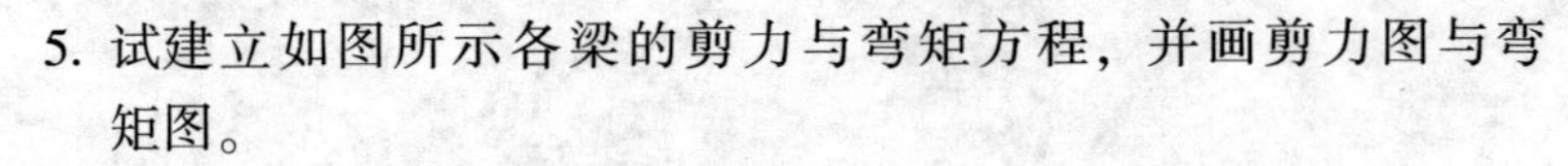
5. 试建立如图所示各梁的剪力与弯矩方程，并画剪力图与弯矩图。

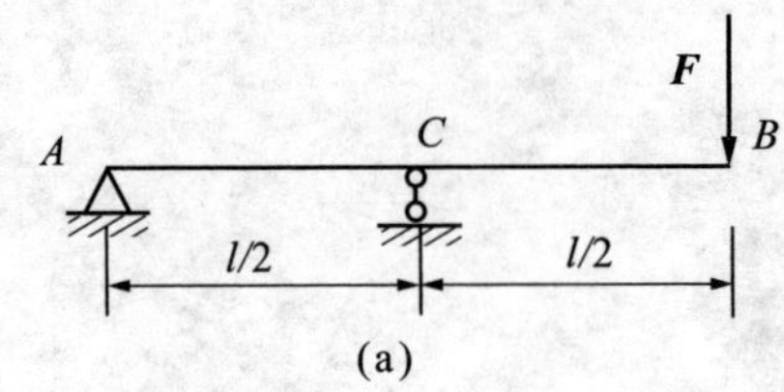

(a)

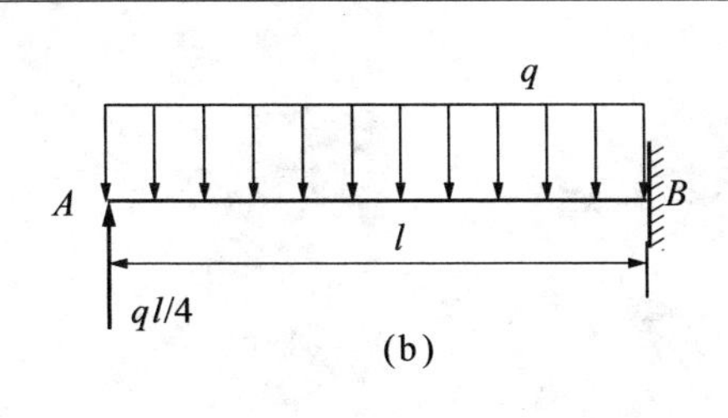

(b)

6. 求如图所示梁的剪力图和弯矩图。设力的单位为 kN，力偶矩单位为 kN · m，长度单位为 m，分布载荷集度单位为 kN/m。

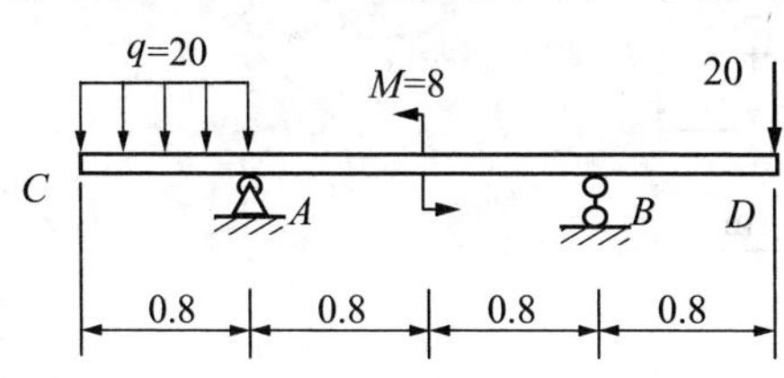

7. 如图所示的梁承受集中载荷 F 与集度为 q 的均布载荷作用，已知载荷 $F=10\text{kN}$，$q=5\text{N/mm}$，试画出剪力图、弯矩图。

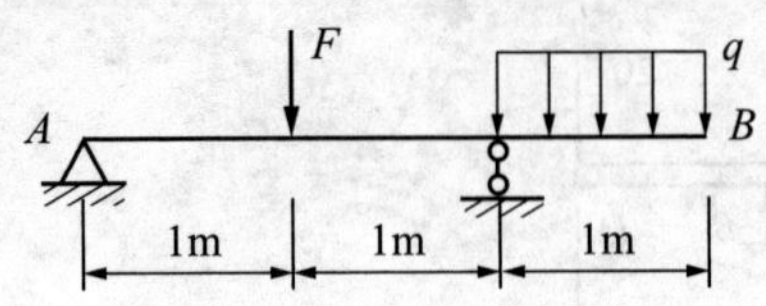

知识目标、培养方向

第4章　平面图形的几何性质

一、知识目标

- 掌握静矩的定义，会应用静矩与形心的公式进行换算。
- 理解惯性矩定义，了解惯性半径、惯性积。
- 了解平行移轴公式。
- 掌握常用几种截面的极惯性矩及惯性矩。

二、培养方向

杆件在外力的作用下产生的应力和变形，除与截面的面积有关外，还与截面的其他一些几何性质有关。本章旨在培养学生对一些基本概念的理解及掌握外，也为学生对于接下来的章节，如扭转杆件、弯曲杆件的强度及刚度计算问题的深刻理解打好基础。

知识点导向图

- 平面图形几何性质
  - 静矩与形心
    - 静矩
      - $S_y = \int_A z\mathrm{d}A$
      - $S_z = \int_A y\mathrm{d}A$
    - 形心
      - $y_C = \dfrac{\int_A z\mathrm{d}A}{A}$
      - $z_C = \dfrac{\int_A y\mathrm{d}A}{A}$
      - 或 $\begin{cases} S_z = y_C \cdot A \\ S_y = z_C \cdot A \end{cases}$
  - 惯性矩、惯性半径、惯性积
    - 惯性矩
      - $I_y = \int_A z^2\mathrm{d}A$
      - $I_z = \int_A y^2\mathrm{d}A$
    - 惯性半径
      - $i_x = \sqrt{\dfrac{I_x}{A}}$
      - $i_y = \sqrt{\dfrac{I_y}{A}}$
    - 惯性积 $I_{yz} = \int_A yz\mathrm{d}A$
  - 平行移轴定理：截面对于任一轴的惯性矩，等于平行于该轴的形心轴的惯性矩加上截面面积与两轴间距的平方之积

一、判断题

1. 图形对某一轴的静矩为零，则该轴必定通过图形的形心。（　　）
2. 图形在任一点只有一对主惯性轴。（　　）

3. 有一定面积的图形对任一轴的轴惯性矩必不为零。（　　）
4. 图形对过某一点的主轴的惯性矩为图形对过该点所有轴的惯性矩中的极值。（　　）
5. 组合图形对某一轴的静矩等于各组成图形对同一轴静矩的代数和。（　　）

二、单项选择题

1. 图形对于其对称轴的(　　)。
   (A)静矩为零，惯性矩不为零
   (B)静矩和惯性矩均为零
   (C)静矩不为零，惯性矩为零
   (D)静矩和惯性矩均不为零
2. 直径为 d 的圆形对其形心主轴的惯性半径 $i=$(　　)。
   (A) $d/2$　　(B) $d/3$
   (C) $d/4$　　(D) $d/8$
3. 如图所示截面图形中阴影部分对形心主轴 z 的惯性矩 $I_z=$(　　)。
   (A) $\frac{\pi D^4}{32}-\frac{dD^3}{12}$　　(B) $\frac{\pi D^4}{32}-\frac{dD^3}{6}$
   (C) $\frac{\pi D^4}{64}-\frac{dD^3}{12}$　　(D) $\frac{\pi D^4}{64}-\frac{dD^3}{6}$

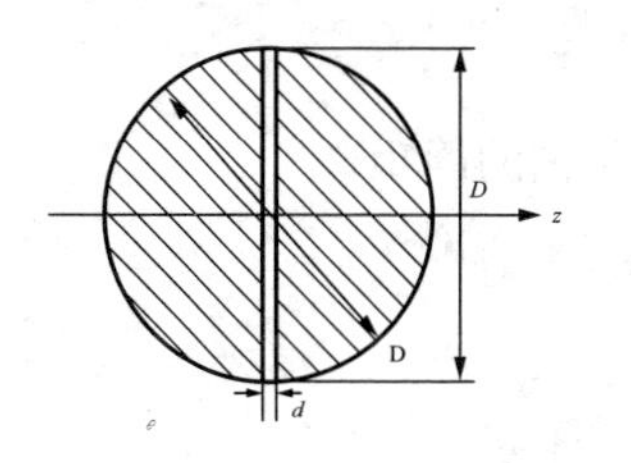

三、简答思考题

1. 面积矩与形心有何关系？

2. 矩形截面宽为 b，高 $h=2b$，宽度增加一倍时，图形对形心轴的惯性矩 I_z 是原来的几倍？高宽互换时，图形对形心轴的惯性矩 I_z 是原来的几倍？高度增加一倍时，图形对形心轴的惯性矩 I_z 是原来的几倍？

3. 如何求平面组合图形的形心位置和对某轴的惯性矩？

四、计算题

1. 求如图所示平面图形中阴影部分对 z 轴的静矩。

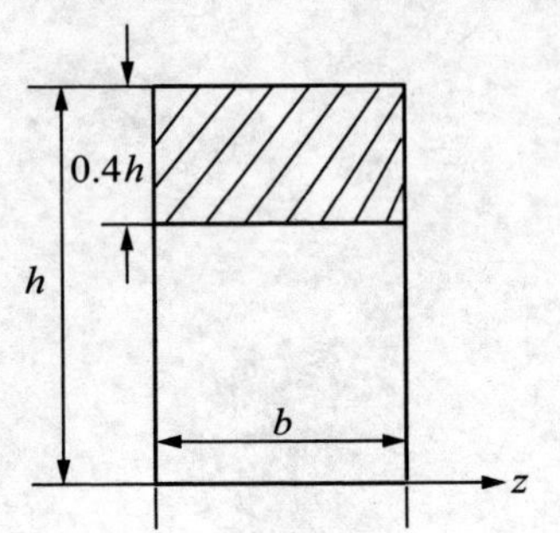

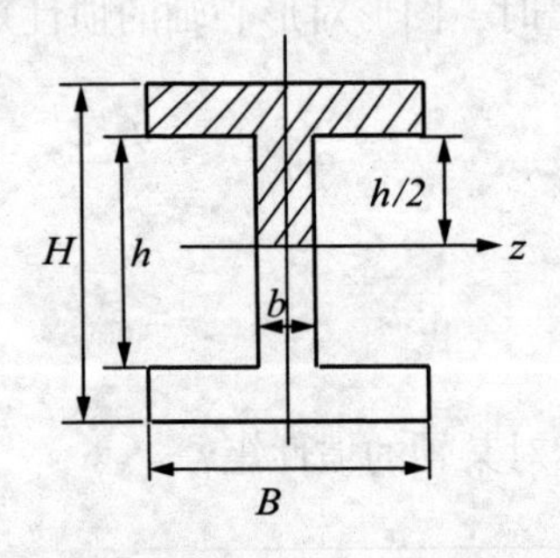

2. 试求平面图形的形心位置。

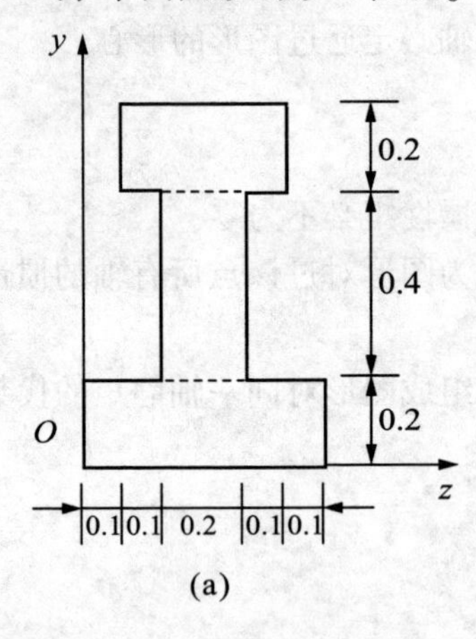

(a)

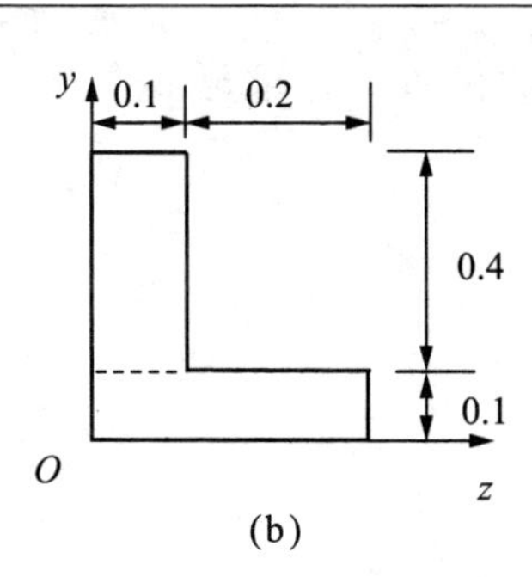

(b)

3. 求图示平面图形对 z 轴、y 轴的惯性矩。

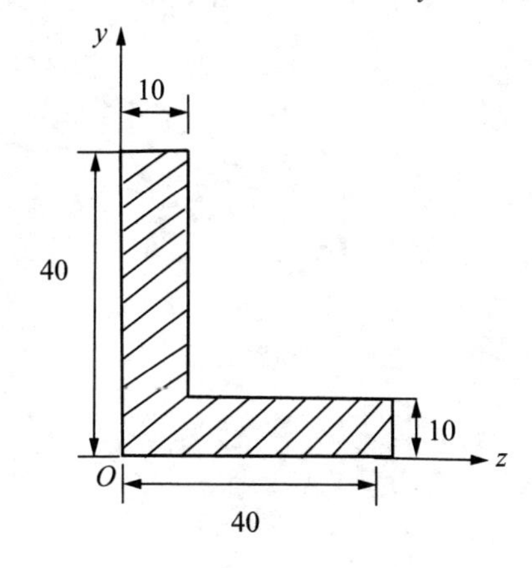

4. 图示T形截面，已知 $h/b=6$，试求截面形心的位置及对截面形心轴的惯性矩。

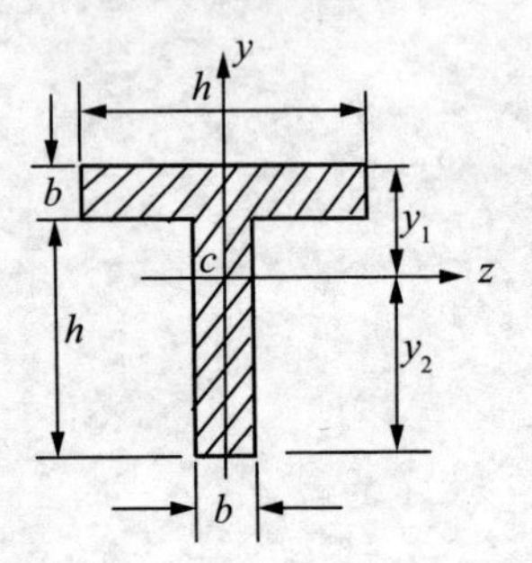

5. 试求图示平面图形的形心主惯性轴的位置，并求形心主惯性矩。

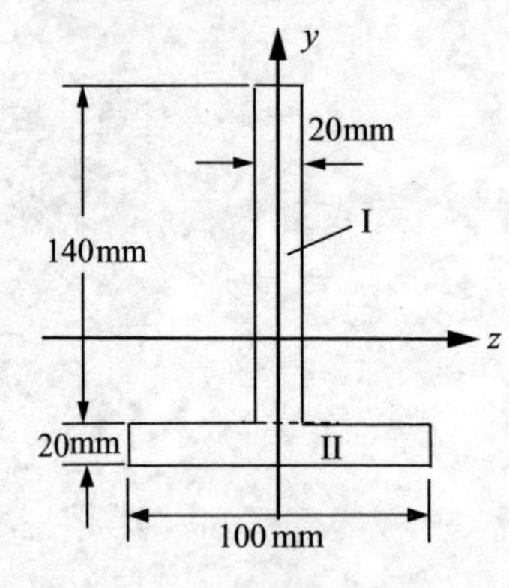

知识目标、培养方向

第 5 章　轴向拉压杆件的强度及刚度计算

一、知识目标

- 了解应力和强度的概念。
- 掌握拉伸压缩杆件横截面的应力计算，了解斜截面的应力计算方法。
- 掌握拉压杆件的强度条件及工程实际中能够解决的几类问题。
- 了解轴向拉压杆件的变形问题及刚度计算。
- 掌握低碳钢应力-应变曲线的四个阶段及铸铁拉伸、压缩的特点。

二、培养方向

对轴向拉伸压缩杆件应力计算和强度问题的掌握，了解轴向拉压杆件产生的基本变形及刚度问题，主要培养学生对于简单强度、刚度问题的解决能力，为接下来联接件、扭转和弯曲杆件的强度、刚度问题做好基础准备。

知识点导向图

轴向拉压杆件的强度及刚度计算

- 应力的概念：受力构件某截面上一点处的内力集度
  - 正应力：σ
  - 剪应力：τ
- 拉(压) 杆件横截面
  - 应力：$\sigma = \dfrac{F_N}{A}$
  - 强度条件为：$\sigma_{max} = \dfrac{F_N}{A} \leqslant [\sigma]$
    - 强度校核
    - 选取截面：$A \geqslant \dfrac{F_N}{[\sigma]}$
    - 许用荷载：$F_N \leqslant A[\sigma]$
- 斜截面上的应力
  - $\sigma_\alpha = \dfrac{\sigma}{2}(1 + \cos2\alpha)$
  - $\tau_\alpha = \dfrac{\sigma}{2}\sin2\sigma$
- 轴向拉压杆件的变形
  - 纵向变形与胡克定律：$\varepsilon = \dfrac{\Delta l}{l}$、$\sigma = E\varepsilon$ 或 $\Delta l = \dfrac{F_N l}{EA}$
  - 横向变形与泊松比：$\varepsilon' = \dfrac{\Delta h}{b}$、$\varepsilon' = \mu\varepsilon$
- 低碳钢拉伸时的力学性能(应力 – 应变曲线)
  - 弹性阶段：比例极限 σ_p：弹性极限 σ_e 服从胡克定律。
  - 屈服阶段：屈服极限 σ_s
  - 强化阶段：强度极限 σ_b，冷作硬化现象
  - 颈缩阶段：
    - 伸长率：$\delta = \dfrac{l_1 - l}{l} \times 100\%$
    - 伸长率：$\psi = \dfrac{A_0 - A}{A} \times 100\%$

一、判断题

1. 轴力越大，杆件越容易被拉断，因此轴力的大小可以用来判断杆件的强度。 (　　)
2. 应力是横截面上的平均内力。 (　　)
3. 从应力-应变曲线可以看出，低碳钢拉伸试验大致可分为弹性阶段、屈服阶段、强化阶段、断裂阶段。 (　　)
4. 胡克定律适用于材料的应力处于弹塑性阶段。 (　　)
5. 低碳钢试件拉伸时，当其横截面上的应力达到材料的屈服极限后，再增大拉伸荷载，则试件将只产生塑性变形而无弹性变形。 (　　)
6. δ、ψ 值越大，说明材料的塑性越大。 (　　)
7. 杆件所受到的轴力 F_N 越大，横截面上的正应力 σ 越大。 (　　)
8. 拉压杆的危险截面一定在轴力最大值所在的截面。 (　　)
9. 轴向拉压杆件的横截面上既有正应力又有剪应力。 (　　)
10. “许用应力”为允许达到的最大工作应力。 (　　)
11. 绝对变形是可以表示杆件的变形程度的。 (　　)
12. $\varepsilon' = -\nu\varepsilon$，式中的负号表示纵向线应变与横向线应变总是相反的。 (　　)
13. 拉压杆受轴向力时，其绝对变形与轴力 F_N 及杆长成正比，与杆件的横截面面积成反比。 (　　)
14. EA 称为杆件的抗拉压刚度，表示杆件抵抗变形的能力。 (　　)

二、单项选择题

1. 应力与内力的关系说法正确的是(　　)。
   (A)内力大于应力　(B)应力是内力的分布集度
   (C)内力是矢量，应力是标量　(D)内力等于应力的代数和
2. 轴向拉伸或压缩杆件，与横截面成(　　)的截面上切应力最大。
   (A)45°　(B)90°　(C)30°　(D)60°
3. 胡克定律应用的条件是(　　)。
   (A)只适用于塑性材料　(B)只适用于轴向拉伸
   (C)应力不超过比例极限　(D)应力不超过屈服极限
4. 钢材进入屈服阶段后，表面会沿(　　)出现滑移线。
   (A)横截面　(B)纵截面
   (C)最大剪应力所在的面　(D)最大正应力所在面
5. 铸铁的抗拉强度比其抗压强度要(　　)。
   (A)大　(B)小　(C)相等　(D)无法确定
6. 铸铁试件轴向压缩破坏是(　　)。
   (A)沿横截面拉断　(B)沿 45°斜截面拉断
   (C)沿横截面剪断　(D)沿 45°斜截面剪断
7. 冷作硬化，提高了材料的(　　)。
   (A)屈服极限　(B)比例极限
   (C)强度极限　(D)应力极限
8. 下图为某材料由受力到拉断的完整的应力-应变曲线，该材料的变化过程无(　　)。

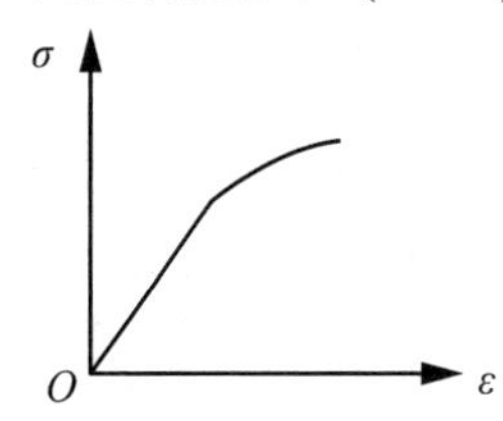

(A)弹性阶段，屈服阶段　　(B)强化阶段，颈缩阶段

(C)屈服阶段，强化阶段　　(D)屈服阶段，颈缩阶段

9. 材料的许用应力[σ]是保证构件安全工作的(　　)。

(A)最高工作应力　　(B)最低工作应力

(C)平均工作应力　　(D)最低破坏应力

10. 应力集中一般出现在(　　)。

(A)光滑圆角处　　(B)孔槽附近

(C)等直轴段的中点　　(D)截面均匀变化处

11. 对于拉伸和压缩杆件，当外力不超过某一限度时，其变形与轴力及杆长成(　　)。

(A)正比例　　(B)反比例

(C)不成比例　　(D)无关

三、简答思考题

1. 试述内力与应力的区别和相互关系。

2. 试述应力-应变曲线的几个阶段及其强度指标。

3. 两根不同材料的等截面直杆，承受着相同的拉力，它们的截面积与长度都相等，问：(1)两杆的内力是否相等？(2)两杆的应力是否相等？为什么？

4. 什么是冷作硬化？它在工程实际上有什么用处？

5. 利用强度条件可以解决工程中哪三种类型的强度计算问题？

6. 试述应力集中的概念。

7. 如下图，由①和②两杆组成的支架，从材料性能和经济性两方面考虑，现有低碳钢和铸铁两种材料可供选择，合理的选择是什么？为什么？

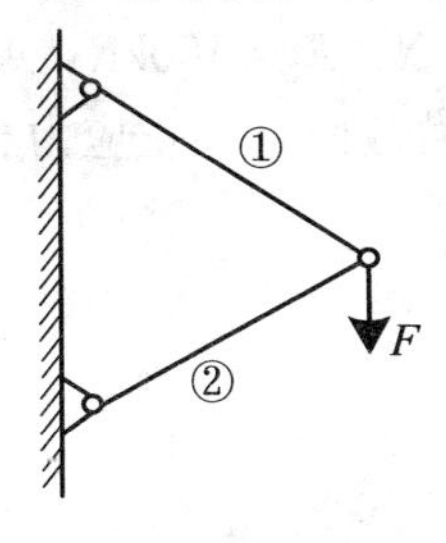

8. 图(a)杆件承受轴向拉力 F，若在杆上分别开一侧、两侧切口如图(b)、图(c)所示。试比较三种情况下杆内最大拉应力的大小。

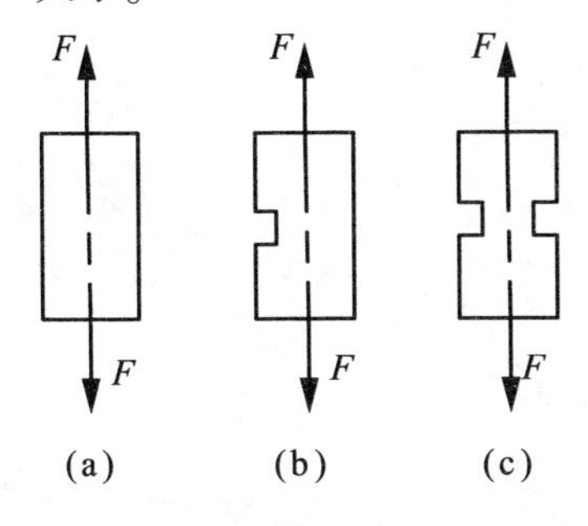

9. “应变”和“变形”的概念有什么不同？轴向拉、压杆的绝对变形如何计算？

四、计算题

1. 正方形截面杆有切槽，$a=30\text{mm}$，$b=10\text{mm}$，受力如图所示，$F=30\text{kN}$。试计算杆内各段截面上的正应力。

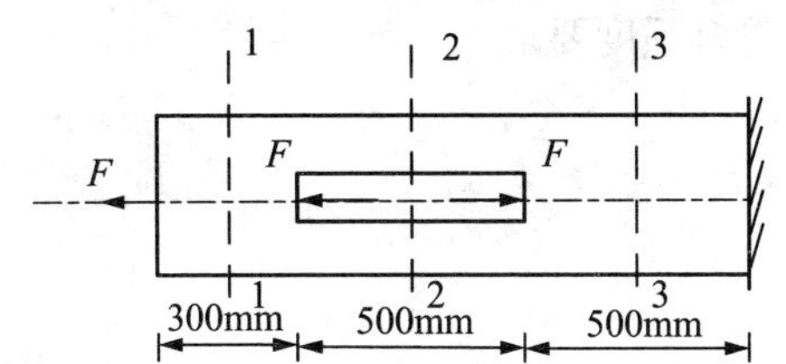

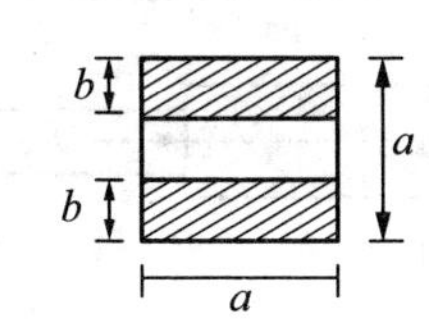

2. 如图所示为一阶梯形变截面杆，其横截面为圆形，AB 段杆直径 $d_1=200\text{mm}$，BC 段杆直径 $d_2=150\text{mm}$，所受轴向力 $F_1=30\text{kN}$，$F_2=100\text{kN}$，杆件需用正应力$[\sigma]=2\text{MPa}$，试绘制杆件轴力图并校核杆件是否符合强度要求。

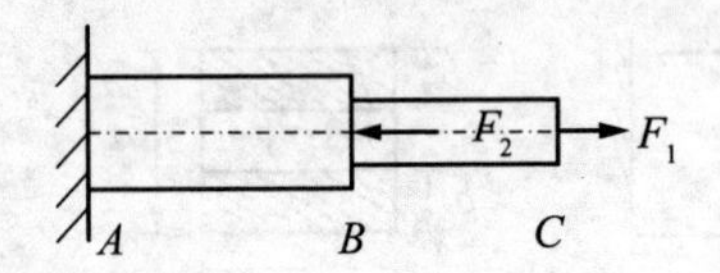

3. 图示阶梯型圆截面杆：(1)承受轴向载荷 $F_1=F_2=50\text{kN}$ 作用，AB 与 BC 段直径分别为 $d_1=20\text{mm}$ 和 $d_2=30\text{mm}$，试求各段正应力。(2)若 F_2未知，欲使 AB 与 BC 段横截面上的正应力相同，试求载荷 F_2之值；(3)已知载荷 $F_1=200\text{kN}$，$F_2=100\text{kN}$，AB 段的直径 $d_1=40\text{mm}$，若欲使 AB 与 BC 段横截面上的正应力相同。试求 BC 段的直径 d_2。

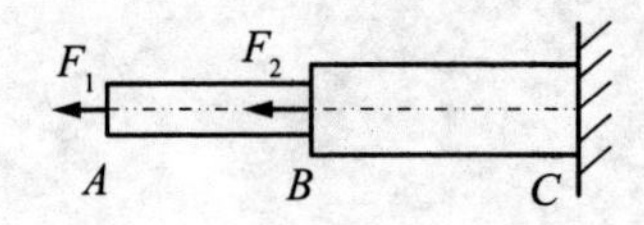

4. 如图所示为二杆桁架，①杆为钢杆，许用应力$[\sigma]_1=160\text{MPa}$，横截面面积$A_1=6\text{cm}^2$；②杆为木杆，其许用压应力$[\sigma]_2=7\text{MPa}$，横截面面积$A_2=100\text{cm}^2$。如果载荷$P=40\text{kN}$，试校核结构强度。

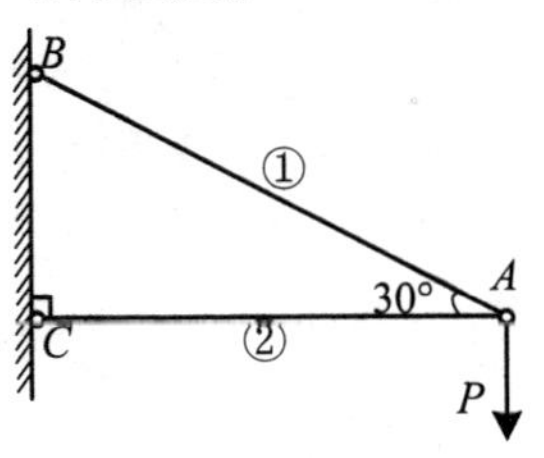

5. 用绳索起吊钢筋混凝土管如图所示，若管子重量$F=10\text{kN}$，绳索直径$d=40\text{mm}$，需用应力$[\sigma]=10\text{MPa}$。试校核绳索的强度。

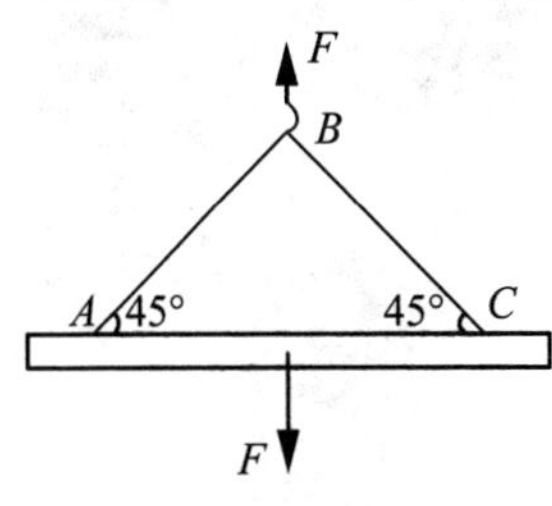

6. 简易起重支架的结构尺寸和受力情况如图所示。杆 BC 和杆 BD 的横截面积 $A=400\text{mm}^2$，材料$[\sigma]=200\text{MPa}$，试确定起重支架的最大许用载荷 P。

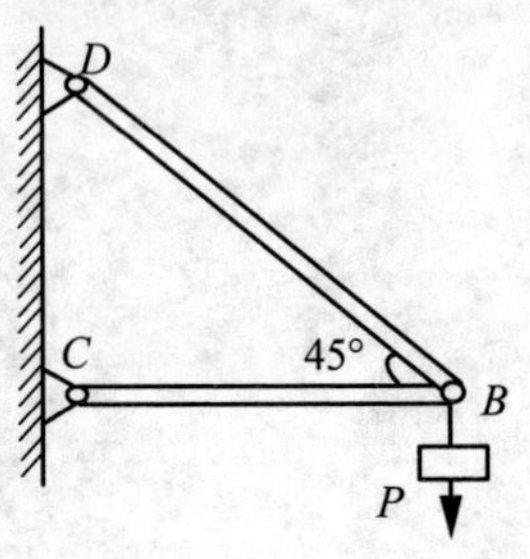

7. 某悬臂吊车结构如图所示，最大起重量 $W=20\text{kN}$，AC 杆为 Q235A 圆钢，$[\sigma]=120\text{MPa}$。试设计杆的直径。

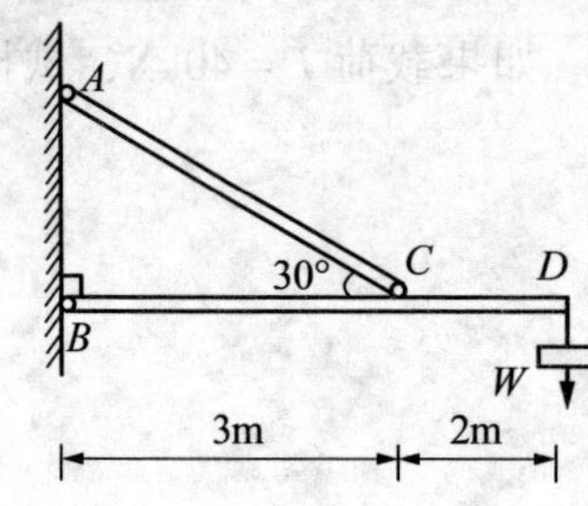

8. 如图所示阶梯杆，已知截面面积 $A_{AB} = A_{BC} = 400\text{mm}^2$，$A_{CD} = 200\text{mm}^2$，弹性模量 $E = 200\text{GPa}$，受力情况为 $F_1 = 30\text{kN}$，$F_2 = 10\text{kN}$，各杆长度如图。试求杆的总变形。

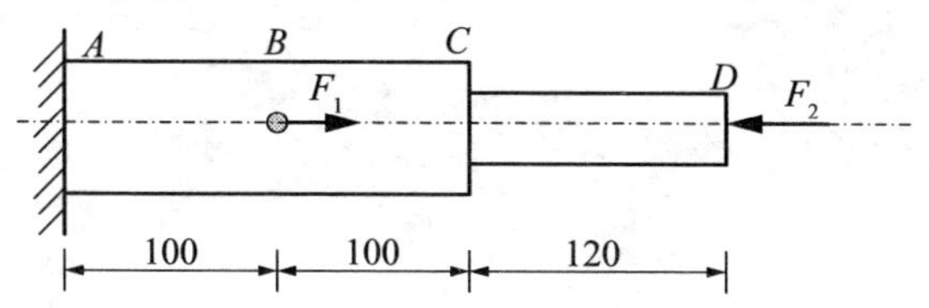

9. 如图所示阶梯杆 AC，$F = 10\text{kN}$，$l_1 = l_2 = 400\text{mm}$，$A_1 = 2A_2 = 100\text{mm}^2$，$E = 200\text{GPa}$。试计算杆 AC 的轴向变形 Δl。

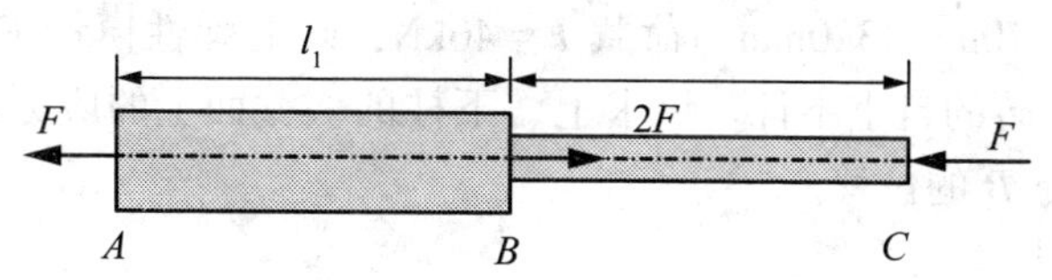

10. 如图所示，面为正方形的砖柱，由上、下两段组成。上柱高 $h_1=3\text{m}$，横截面积 $A_1=240\text{mm}\times240\text{mm}$；下柱高 $h_2=4\text{m}$，横截面积 $A_2=370\text{mm}\times370\text{mm}$。荷载 $F=40\text{kN}$，砖的弹性模量 $E=300\text{MPa}$，砖的自重不计。试求上、下柱的横截面上的应力以及截面 A、B 的位移。

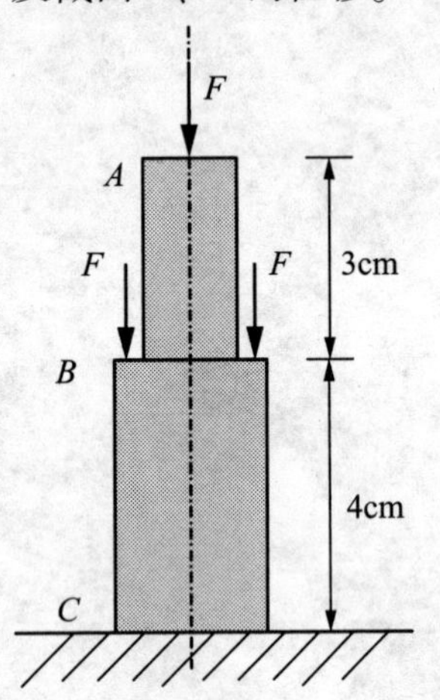

知识目标、培养方向

第 6 章　剪切与挤压

一、知识目标

- 了解联接件在工程当中的应用。
- 掌握联接件的几种破坏形式及需要进行的几种强度校核。
- 掌握联接件的剪应力及挤压应力的计算方法。

二、培养方向

联接件是工程实际中应用比较常见的构件，通过学习联接件的应力及强度问题，培养学生的力学思维能力，应用力学的知识去解决工程实际问题，进而进行构件结构的设计。

知识点导向图

剪切与挤压

剪切破坏

- 剪应力：$\tau = \frac{F_Q}{A}$
- 剪切强度条件：$\tau_{max} = \frac{F_Q}{A} \leqslant [\tau]$

剪应力互等定理

在单元体上两相互垂直的平面上，剪应力成对出现，其数值相等方向相反，均指向或背离两截面的交线。

剪切胡克定律

在剪应力不超过材料的剪切比例极限时，剪应力和剪应变之间成正比关系，表达式为$\tau = G \cdot \gamma$。

挤压破坏

- 挤压应力：$\sigma_{bs} = \frac{P_{bs}}{A_{bs}}$
- 挤压强度条件：$\sigma_{bs} = \frac{P_{bs}}{A_{bs}} \leqslant [\sigma_{bs}]$

一、判断题

1. 在工程中，通常取截面上的平均剪应力作为联接件的名义剪应力。（　）
2. 联接件上的铆钉，主要受剪切、挤压破坏。（　）
3. 联接件上只要剪切强度条件满足，则构件就可正常工作。（　）
4. 联接件发生剪切变形的受力特点为，受到力偶作用。（　）
5. 进行挤压计算时，挤压面面积取为实际接触面的正投影面面积。（　）
6. 22 冲床冲剪工件，属于利用“剪切破坏”问题。（　）
7. 在单元体上两相互垂直的平面上，剪应力成对出现，其数值相等方向均指向或背离两截面的交线。这个规律成为剪应力互等定理。（　）

二、选择题

1. 挤压面面积取（　）。
   (A)实际接触面面积　(B)接触面正投影面面积
   (C)剪切面面积　(D)实际接触面面积的一半
2. 如图所示，在平板和受拉螺栓之间垫上一个垫圈，可以提高（　）强度。
   (A)螺栓的拉伸　(B)螺栓的剪切
   (C)螺栓的挤压　(D)平板的挤压

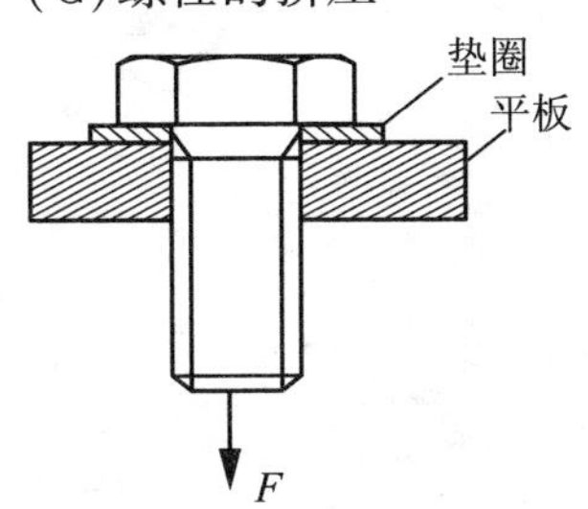

3. 如图所示联接件，若板和铆钉为同一材料，且已知$[\sigma_c]=2[\tau]$，为充分提高材料的利用率，则铆钉的直径 d 应为（　）。
   (A)$d=2l$　(B)$d=4l$　(C)$d=8l/\pi$　(D)$d=4l/\pi$

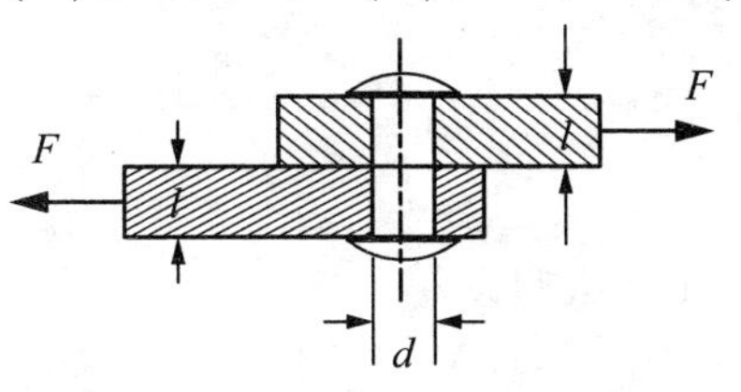

4. 螺栓连接两块钢板，当其他条件不变时，螺栓的直径增加一倍，挤压应力将减少（　）。
   (A)1　(B)1/2　(C)1/4　(D)3/4
5. 如图所示的木接头，左右两部分形状完全一样，当 F 拉力作用时，接头的剪切面积等于（　），挤压面积等于（　）。

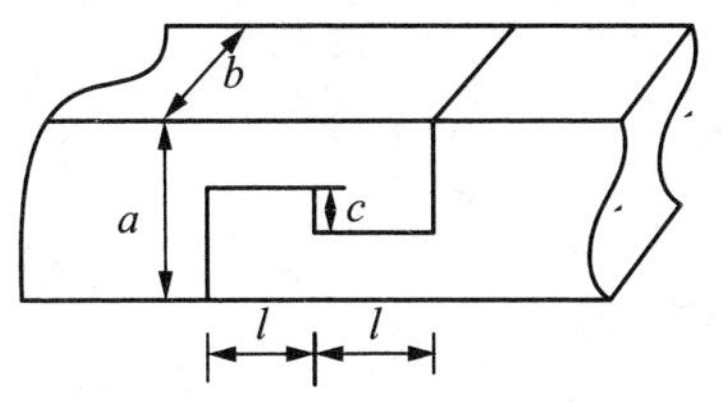

   (A)ab　(B)cb　(C)cl　(D)bl
6. 如图所示的联接件，插销剪切面上的剪应力为（　）。

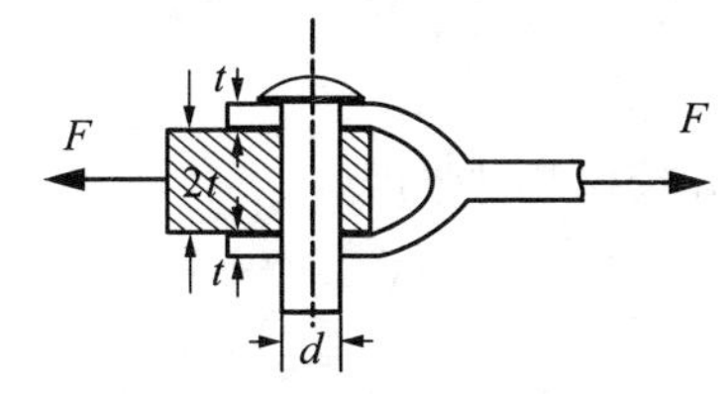

   (A)$\tau=\dfrac{2F}{\pi d^2}$　(B)$\tau=\dfrac{4F}{\pi d^2}$　(C)$\tau=\dfrac{F}{\pi d^2}$　(D)$\tau=\dfrac{2F}{td}$

三、简答思考题

1. 联接件的受力和变形有什么特点？

2. 剪切和挤压的实用计算采用了什么假设？

3. 什么是有效挤压面积？

4. 何谓挤压变形？挤压和压缩有何区别？

5. 联接件在工程实际中需要计算并校核几种强度？

四、计算题

1. 如图所示的铆钉接头受拉力 $F=24\text{kN}$ 作用，上下钢板尺寸相同，厚度 $\delta=10\text{mm}$，宽度 $b=100\text{mm}$，许用应力 $[\sigma]=170\text{MPa}$，铆钉直径 $d=17\text{mm}$，$[\tau]=140\text{MPa}$，$[\sigma_c]=320\text{MPa}$，试校核铆钉接头强度。

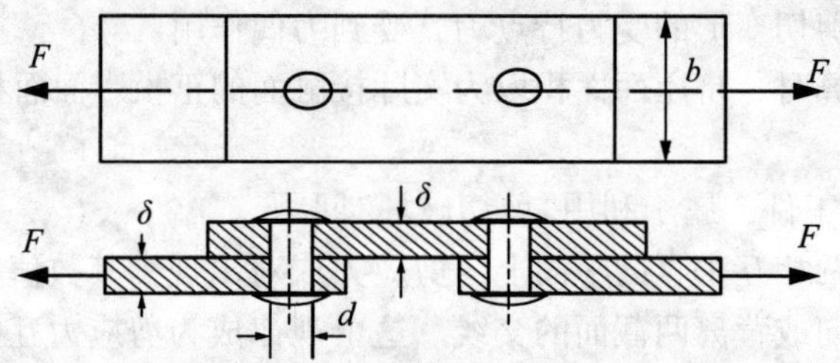

2. 如图所示，一螺钉受拉力 F 的作用，螺钉头的直径 $D=32\text{mm}$，$h=12\text{mm}$，螺钉杆的直径 $d=20\text{mm}$，$[\tau]=120\text{MPa}$。许用挤压应力 $[\sigma_c]=300\text{MPa}$，$[\sigma]=160\text{MPa}$，试求螺钉可承受的最大拉力 F_{max}。

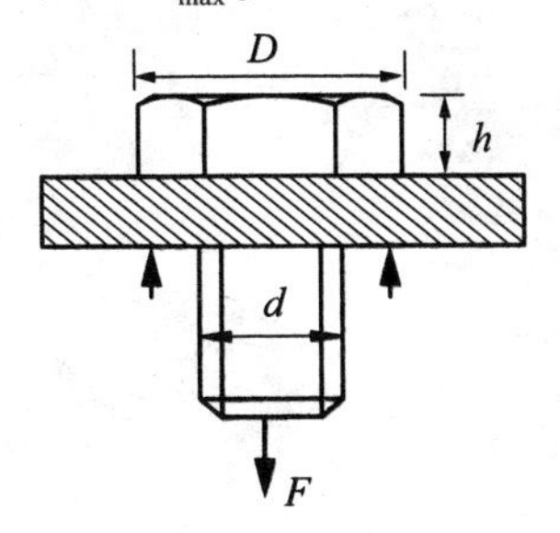

3. 设两块钢板用一颗铆钉连接，铆钉直径 $d=24\text{mm}$，每块钢板的厚度 $t=12\text{mm}$，$P=40\text{kN}$，铆钉许用应力 $[\sigma_c]=250\text{MPa}$，$[\tau]=100\text{MPa}$，试对铆钉进行剪切和挤压强度校核。

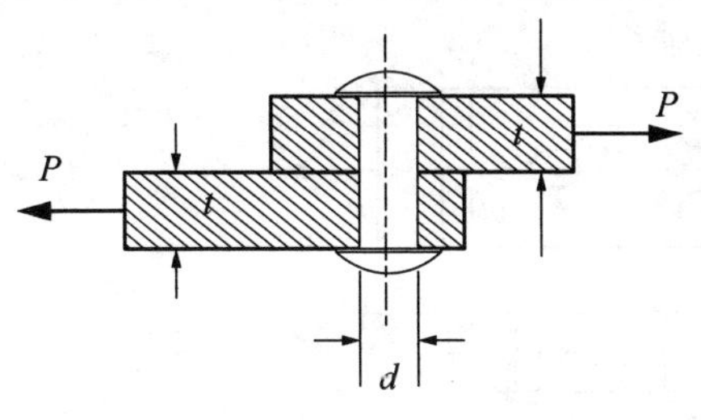

4. 如图所示，一普通螺栓连接头受力 $F = 110\text{kN}$，钢板厚 $\delta = 10\text{mm}$，宽 $b = 100\text{mm}$，螺栓直径 $d = 16\text{mm}$，螺栓许用应力：$[\tau] = 700\text{MPa}$，$[\sigma_c] = 5500\text{MPa}$，钢板许用拉应力 $[\sigma] = 170\text{MPa}$，试校核该接头强度。

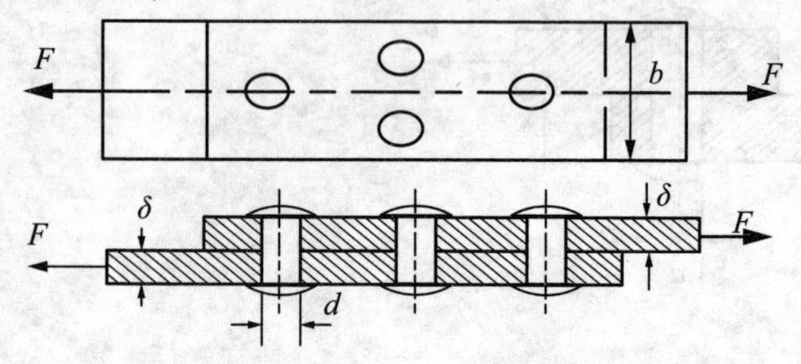

5. 一螺栓连接如图所示，已知 $F = 200\text{kN}$，$\delta = 2\text{cm}$，螺栓材料的需用剪应力 $[\tau] = 80\text{MPa}$，试求螺栓的直径。

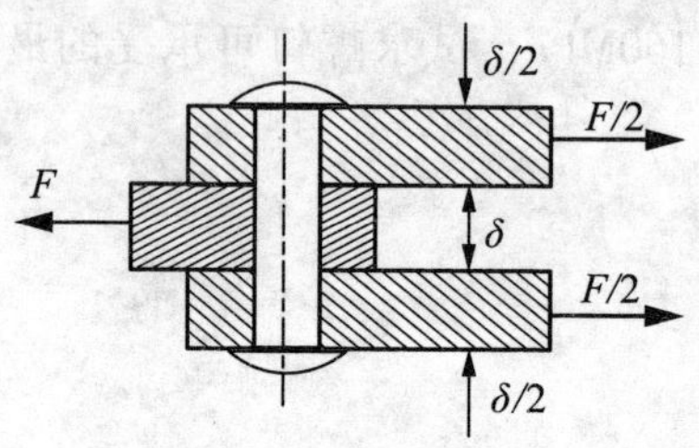

知识目标、培养方向

第7章 圆轴扭转

一、知识目标

- 重点掌握实心圆轴扭转应力的现象和结论，并明确圆轴扭转时横截面处任一点剪应力计算公式和分布规律。
- 对于非圆形截面是否适合上述公式进行讨论和深入思考。

二、培养方向

通过构件的受力分析和推理计算，能对圆轴在扭转应力状态下进行横截面应力的推导和计算，明确应力分布规律。例如在隧道施工过程中，风镐、钻孔台车的转杆等设备，均涉及扭转问题。通过力学基础知识的学习，学生们在今后的施工实习和就业岗位上，能有的放矢地认识问题、解决问题，尤其是对强度问题的重视，能对安全起到很大的推进作用。

知识点导向图

圆轴扭转时的强度与刚度计算

- 圆轴扭转时正应力
  - 横截面强度条件
    - 截面应力：$\tau = \frac{T}{I_p} \cdot \rho$
    - 最大正应力：$\tau = \frac{T}{I_p} \cdot R = \frac{T}{W_p}$
  - $\tau = \frac{T}{W_p} \leqslant [\tau]$

    (1) 对于实心直径 D 圆截面：$W_P = \frac{\pi D^3}{16}$

    (2) 对于空心大径 D，小径 d 截面：

    $W_P = \frac{\pi D^3}{16}(1 - \alpha^4)$，其中 $\alpha = \frac{d}{D}$
- 圆轴扭转的刚度条件：$\theta = \frac{T}{GI_p} \times \frac{180}{\pi} \leqslant [\theta]$

一、判断题

1. 扭矩的正负号可按以下方法来规定：运用右手螺旋法则，四指表示扭矩的转向，当拇指指向与截面外法线方向相同时规定扭矩为正；反之，规定扭矩为负。（　　）
2. 实心圆轴扭转时，剪应力在径向是线性分布的，在边缘处最小，圆心处越大，这个规律和薄壁圆筒一样。（　　）
3. 实心圆形截面的极惯性矩 $I_p = \frac{\pi D^4}{32}$，单位通常为 m^3、cm^3、mm^3。（　　）
4. 从节省材料角度来讲，在圆轴扭转工作环境下，同样使用条件下，空心轴优选于实心轴。（　　）
5. 从几何、物理、静力学三个方面考量圆轴扭转的应力计算，得出的扭转应力计算公式对于非圆形截面杆同样适用。（　　）
6. 非圆截面杆的扭转可分为自由扭转和约束扭转。（　　）
7. 非圆形截面杆扭转过程中产生的应力应予考虑，尤其对于工字钢、槽钢等薄壁杆件，产生应力很大，往往不可忽略。（　　）
8. 机器中的轴只需要满足刚度即可。（　　）
9. 扭转角可以客观如实的反映轴的变形情况。（　　）

二、选择题

1. 圆轴 AB 扭转时，两端面受到力偶矩为 m 的外力偶作用，若以一假想截面在轴上 C 处将其截分为左、右两部分（如图所示），则截面 C 上扭矩 T、T' 的正负应是（　　）。

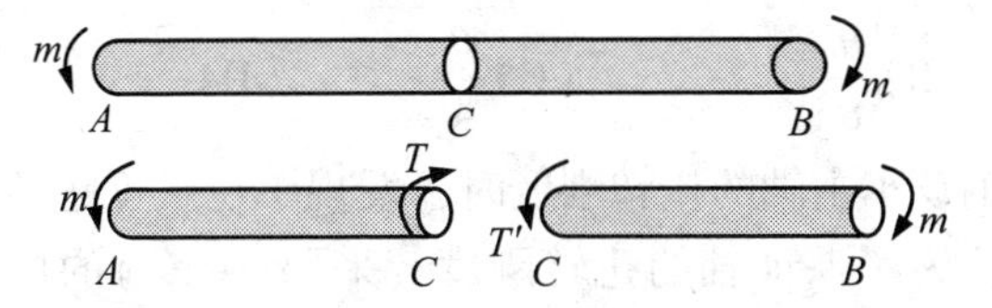

　　(A) T 为正，T' 为负　　(B) T 为负，T' 为正
　　(C) T 和 T' 均为正　　(D) T 和 T' 均为负

2. 左端固定的等直圆杆 AB 在外力偶作用下发生扭转变形（如图所示），根据已知各处的外力偶矩大小，可知固定端截面 A 上的扭矩 T 大小和正负应为（　　）kN · m。

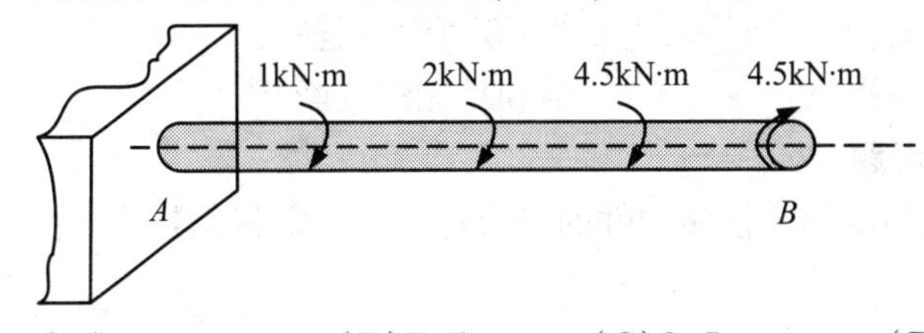

　　(A) 0　　(B) 7.5　　(C) 2.5　　(D) −3

3. 钻机的实钻杆工作时，其横截面上的最小剪应力（　　）为零。
　　(A) 一定不　　(B) 不一定
　　(C) 一定　　(D) 有可能
4. 内外径比值 $\frac{d}{D}=0.5$ 的空心圆轴受扭转，若将内外径都减小到原尺寸的一半，同时将轴的长度增加一倍，则圆轴的抗扭刚度会变成原来的（　　）。
　　(A) $\frac{1}{2}$　　(B) $\frac{1}{4}$　　(C) $\frac{1}{8}$　　(D) $\frac{1}{16}$
5. 等截面圆轴扭转时的单位长度扭转角为 θ，若圆轴的直径增大一倍，则单位长度扭转角将变为（　　）。

(A) $\frac{\theta}{16}$　(B) $\frac{\theta}{8}$　(C) $\frac{\theta}{4}$　(D) $\frac{\theta}{2}$

6. 校核一低碳钢铰车主轴的扭转刚度时，发现单位长度扭转角超过了许用值，为了保证轴的扭转刚度，采取(　　)的措施是最有效的。
(A)改用合金钢　(B)改用铸铁
(C)增大圆轴的直径　(D)减小圆轴的长度

7. 用同一材料制成的实心圆轴和空心圆轴，若长度和横截面面积均相同，则抗扭刚度较大的是(　　)。
(A)实心圆轴　(B)空心圆轴
(C)两者一样　(D)无法判断

三、简答思考题

1. 什么是扭转变形？扭转构件的受力特点和变形特点是什么？

2. 实心圆轴和空心圆轴，横截面面积相同，截面上受相同的扭矩 T 作用，从强度角度分析哪一种截面形式更为合理？为什么？

3. 阶梯轴的最大扭转剪应力一定发生在最大扭矩所在的截面上么？如何分析危险截面？

4. 圆轴直径增大一倍，其他条件不变，那么最大剪应力、轴的扭转角如何变化？

5. 圆形截面杆件和非圆形杆件受扭时，其应力和变形有什么不同？

6. 剪应变、扭转角、单位长度扭转角有何区别？

四、计算题

1. 直径 $d=75\text{mm}$ 的等截面传动轴上，主动轮及从动轮分别作用有力偶矩：$m_1=1\text{kN}\cdot\text{m}$，$m_2=0.6\text{kN}\cdot\text{m}$，$m_3=m_4=0.2\text{kN}\cdot\text{m}$，如图所示。

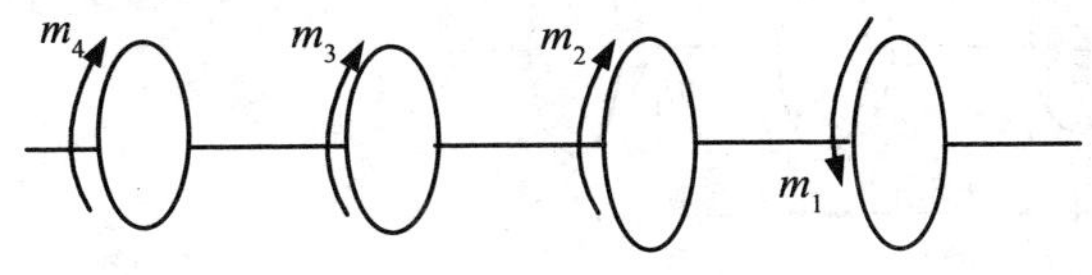

(1)绘扭矩图。

(2)求轴中的最大剪应力。

2. 实心圆轴的直径的直径 $d=100\text{mm}$，长 $L=1\text{m}$，其两端所受外力偶矩 $m=14\text{kN}\cdot\text{m}$，材料的剪切弹性模量 $G=80\text{GPa}$，试求最大切应力。

3. 阶梯圆轴受力如图所示，已知 $d_2 = 2d_1 = d$，$L_2 = 1.5L_1 = 1.5a$，材料的剪切弹性模量为 G，试求轴的最大切应力(结果用 d、a、m 表示)。

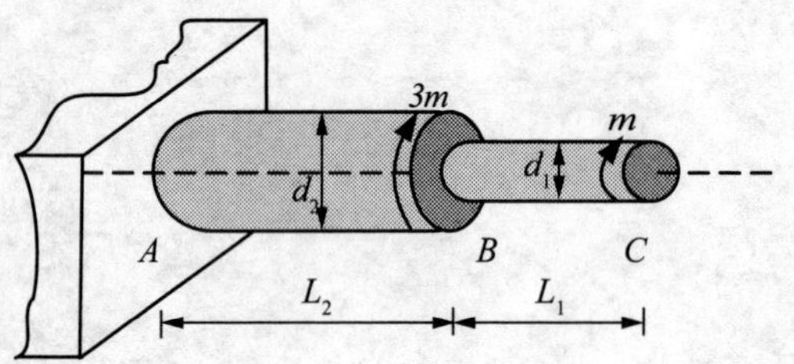

4. 如图所示，在直径为 75mm 的等截面圆轴上，作用着外力偶矩 $m_1 = 1\text{kN}\cdot\text{m}$、$m_2 = 0.6\text{kN}\cdot\text{m}$、$m_3 = 0.2\text{kN}\cdot\text{m}$、$m_4 = 0.2\text{kN}\cdot\text{m}$，$G = 80\text{GPa}$，求轴的总扭转角。

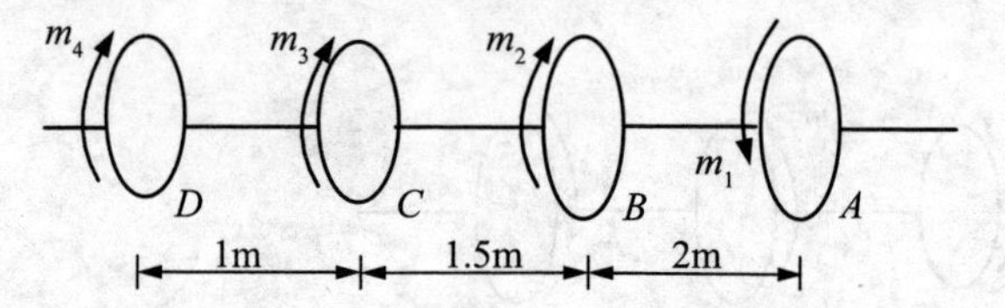

知识目标、培养方向

第 8 章　梁的平面弯曲

一、知识目标

- 理解和掌握横力弯曲、纯弯曲、中性轴、中性层、惯性矩。
- 重点掌握实体矩形梁受弯的现象和结论，并明确横截面处任一点应力(正应力、剪应力)计算公式和分布规律，牢记最大应力的计算公式。
- 理解衡量梁变形程度的基本量——挠度及转角，会应用积分法及叠加法计算挠度及转角。
- 明确提高梁承载能力的措施。

二、培养方向

梁的弯曲问题在土木结构中无处不在，通过本章力学基础知识的学习，学生们在今后的施工实习和就业岗位上，能有的放矢地认识问题，能进行简单的力学抗弯计算及刚度校核，为土木结构的稳定安全施工做好向导。

知识点导向图

梁弯曲时的强度计算

- 梁弯曲时正应力
  - 横截面
    - 截面应力：$\sigma = \frac{M}{I_z} \cdot y$
    - 最大正应力：$\sigma_{max} = \frac{M_{max}}{W_z}$
  - 强度条件
    - (1) 塑性材料：$\sigma_{max} = \frac{M_{max}}{W_z} \leqslant [\sigma]$
    - (2) 脆性材料：$\sigma_{max}^{+} \leqslant [\sigma]^{+}$；$\sigma_{max}^{-} \leqslant [\sigma]^{-}$
- 梁的强度和应用
  - (1) 强度校核
  - (2) 确定截面尺寸
  - (3) 确定许用荷载
- 梁弯曲时剪应力
  - 矩形截面梁弯曲时截面的剪应力计算公式：$\tau = \frac{Q \cdot S_z^*}{I_z \cdot b}$
  - 矩形截面梁弯曲时截面的剪应力最大值(中性轴处)：$\tau_{max} = 1.5\frac{Q}{A}$
  - 提高梁的承载能力措施：(1) 选择截面；(2) 合理布置荷载；(3) 合理布置支座

知识点导向图

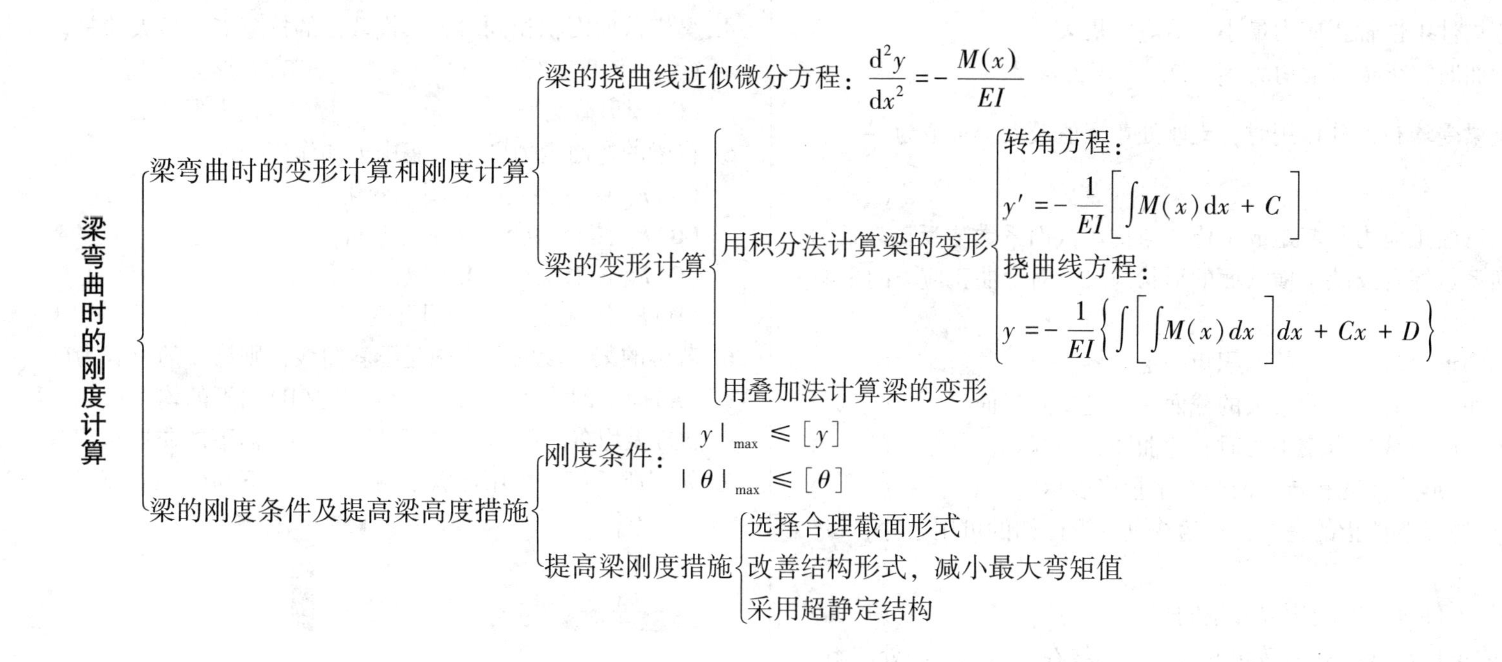

梁弯曲时的刚度计算
梁弯曲时的变形计算和刚度计算
梁的挠曲线近似微分方程：$\frac{d^2y}{dx^2}=-\frac{M(x)}{EI}$
梁的变形计算
用积分法计算梁的变形
转角方程：
$y'=-\frac{1}{EI}\left[\int M(x)dx+C\right]$
挠曲线方程：
$y=-\frac{1}{EI}\left\{\int\left[\int M(x)dx\right]dx+Cx+D\right\}$
用叠加法计算梁的变形
梁的刚度条件及提高梁高度措施
刚度条件：
$|y|_{max}\leqslant[y]$
$|\theta|_{max}\leqslant[\theta]$
提高梁刚度措施
选择合理截面形式
改善结构形式，减小最大弯矩值
采用超静定结构

一、判断题

1. 改变支座的支撑方式可以提高梁的承载力。（　　）
2. 梁中性轴上的正应力为零。（　　）
3. 受弯构件中性轴正应力最小，剪应力最大。（　　）
4. 纯弯曲时，梁横截面剪力等于0，弯矩为常量。（　　）
5. 简支梁受均布荷载作用时，支座处弯矩值最大，且值为$\frac{ql^2}{8}$。（　　）
6. 最大弯曲正应力与弯矩成正比，与抗弯截面系数成反比。抗弯截面系数综合反映了横截面的形状与尺寸对弯曲正应力的影响。（　　）
7. 平面图形对过形心轴的面积矩一定为零。（　　）
8. 梁弯曲变形时，弯曲最大的截面一定是危险截面。（　　）
9. 当梁上的荷载只有集中力时，弯曲图为曲线。（　　）
10. 梁的变形用挠度和转角两个基本量来表示。（　　）
11. 梁的边界条件指的是在构件边缘处变形已知的可用条件。（　　）
12. 边界条件分为时间边界和空间边界。（　　）
13. 弯曲梁任意截面处的转角θ等于挠曲线在该截面形心处的斜率。（　　）

二、选择题

1. 关于梁弯曲截面上的内力，下列叙述正确的是(　　)。
   (A)即有剪力又有弯矩　(B)只有轴力
   (C)只能有剪力　(D)只能有弯矩
2. 梁弯曲时横截面的中性轴，就是梁横截面与(　　)的交线。
   (A)纵向对称面　(B)横截面
   (C)中性层　(D)上表面
3. 梁的设计中，应加大中部截面，从而提高整个梁的(　　)。
   (A)承载力　(B)抗震　(C)整体性　(D)稳定性
4. 梁横截面面积相同时，其横截面的抗弯能力最大的是(　　)。
   (A)I字型截面　(B)矩形截面
   (C)圆形截面　(D)正方形截面
5. 在梁的弯曲内力图中，集中力偶作用处(　　)。
   (A)F_Q图有突变，M图无变化
   (B)F_Q图有突变，M图有转折
   (C)F_Q图有突变，M图无变化
   (D)F_Q图无变化，M图有突变
6. 若梁的某一段的剪力图是下斜曲线，则该段的荷载为(　　)。
   (A)向上的均布荷载　(B)向下的均布荷载
   (C)无均布荷载　(D)向下的非均布荷载
7. 如图所示简支梁用低碳钢制成，采用下列(　　)截面最合理。

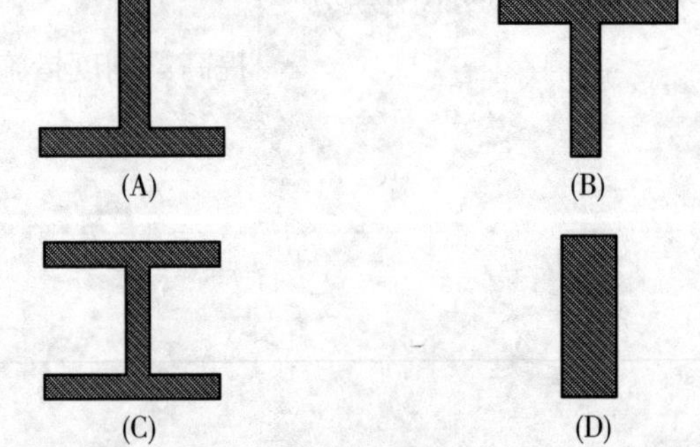

8. 对于圆形截面梁，其横截面的抗弯截面模量W_z=(　　)。
   (A) $\frac{\pi d^4}{64}$　(B) $\frac{\pi d^3}{64}$　(C) $\frac{\pi d^4}{32}$　(D) $\frac{\pi d^3}{32}$

9. 给梁增加支座(　　)。
(A)可以减小梁的变形和应力
(B)只能减小梁的变形
(C)只能减小梁的应力
(D)不可以减小梁的变形和应力

10. 一简支梁，其受力情况如计算题第 5 题所示，则此简支梁的边界条件为(　　)。
(A)$y_A=0$，$y_B=0$　　(B)$y_B=0$，$\theta_B=0$
(C)$y_A=0$，$\theta_A=0$　　(D)$\theta_A=0$，$\theta_B=0$

11. 梁变形的计算方法有(　　)。
(A)积分法和叠加法　　(B)积分法和图例法
(C)叠加法和图例法　　(D)积分法和几何法

12. 通常我们用(　　)度量梁的弯曲变形。
(A)挠度和转角　　(B)单位长度和扭转角
(C)角应变　　(D)应变

13. 如图所示，高宽比 $\frac{h}{b}=2$ 的矩形截面梁，若将梁的横截面由竖放改为平放，其他条件不变，则梁的最大挠度和最大正应力分别为原来的(　　)倍。
(A)2 和 2　　(B)4 和 2　　(C)4 和 4　　(D)8 和 4

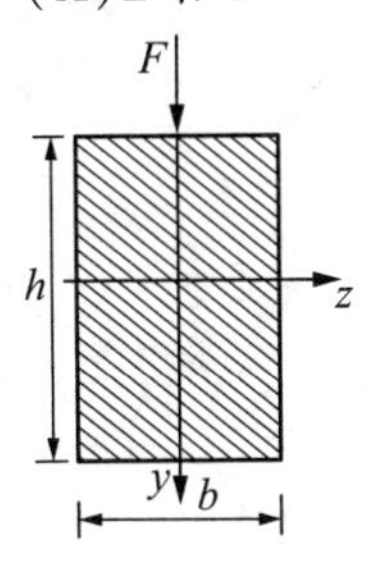

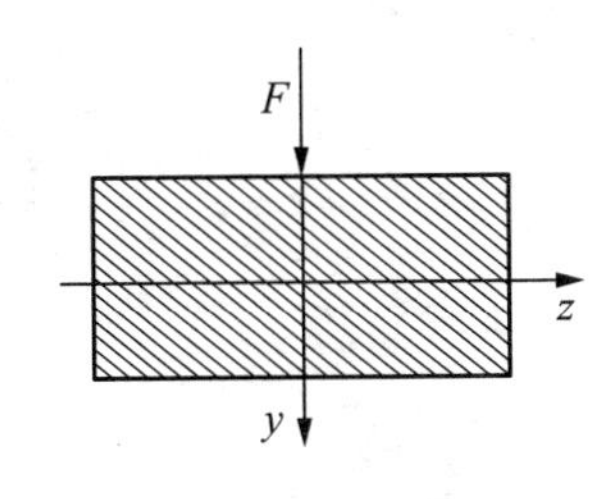

14. 在等直梁的最大弯矩所在截面处，局部加大截面的尺寸(　　)。
(A)仅对提高梁的强度有效
(B)仅对提高梁的刚度有效
(C)对提高梁的强度和刚度都有效
(D)对提高梁的强度和刚度都无效

三、简答思考题

1. 何谓纯弯曲？何谓剪切弯曲？

2. 何谓中性轴？下面对于中性轴的描述中，哪些说法是正确的？
(1)中性轴是梁横截面的对称轴；
(2)中性轴是梁横截面上拉应力和压应力的分界线；
(3)中性轴是梁横截面上一条水平线；
(4)中性轴是梁横截面上正应力为零的点的集合。

3. 什么是危险截面？什么是危险点？它们在构件计算中起到什么作用？

4. 简述梁横截面上正应力和剪应力分布特点。

5. 提高梁承载能力的主要措施是什么？

6. 钢梁常采用对称于中性轴的截面形式，而铸铁梁常采用非对称于中性轴的截面形式，分析其原因。

7. 丁字尺的截面为矩形，$\frac{h}{b}=12$。试问当图中两个方向分别加力时，哪个更不容易折断？为什么？

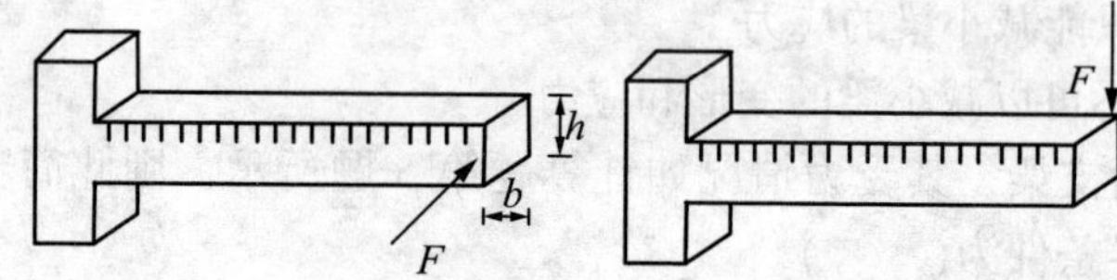

8. 何谓挠度、转角？它们之间有什么关系？

9. 利用刚度条件可以计算哪几类问题？

10. 简述梁纯弯曲时的变形情况。

11. 简述拉压杆、弯曲梁的强度条件和刚度条件。

12. 什么是边界条件？什么是连续条件？它们有何作用？

13. 确定梁的变形有什么方法？哪种方法更具有适用性和便利性？

四、计算题

1. 如图所示悬臂梁，横截面为矩形，承受荷载 F_1 与 F_2 作用，且 $F_1=2F_2=5\text{kN}$。试计算梁内的最大弯曲正应力，及该应力所在截面上 K 点处的弯曲正应力(图示梁横截面尺寸单位为 mm)。

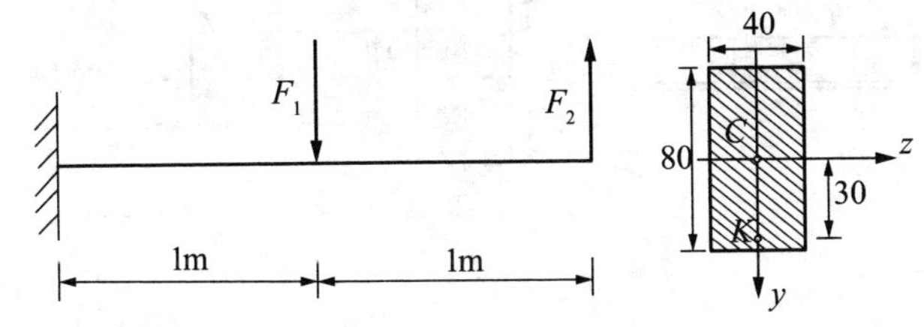

2. 如图所示矩形截面简支梁，承受均布荷载q作用，若已知：$q=2\text{kN/m}$，$l=3\text{m}$，$h=2b=240\text{mm}$，试求截面横放和竖放时梁内的最大正应力，并加以比较和思考。

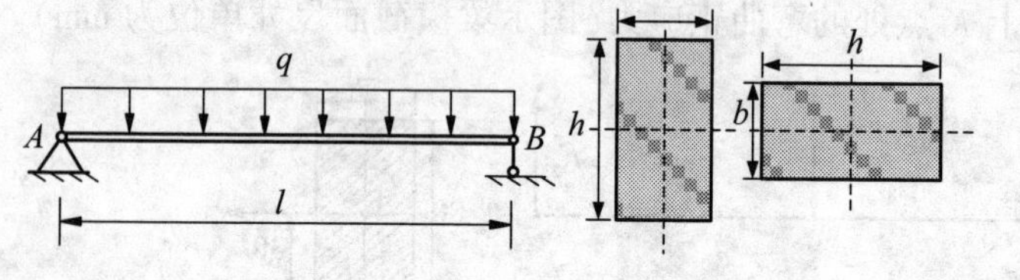

3. 如图所示简支梁，横截面为矩形，承受均布载荷q作用。若已知$q=2\text{kN/m}$，$l=3\text{m}$，$h=2b=240\text{mm}$，试求梁内的最大正应力。

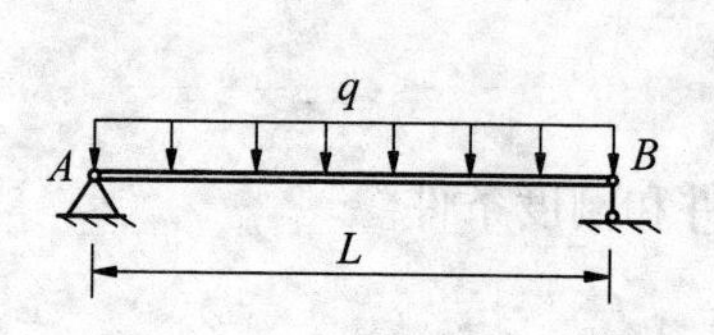

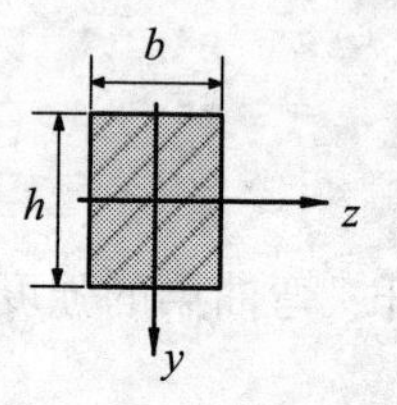

4. 如图所示矩形截面钢梁，承受集中载荷 F 与均布载荷 q 的作用，已知载荷 $F = 10\text{kN}$，$q = 5\text{kN/mm}$，许用应力 $[\sigma] = 160\text{MPa}$，试确定截面尺寸 b。

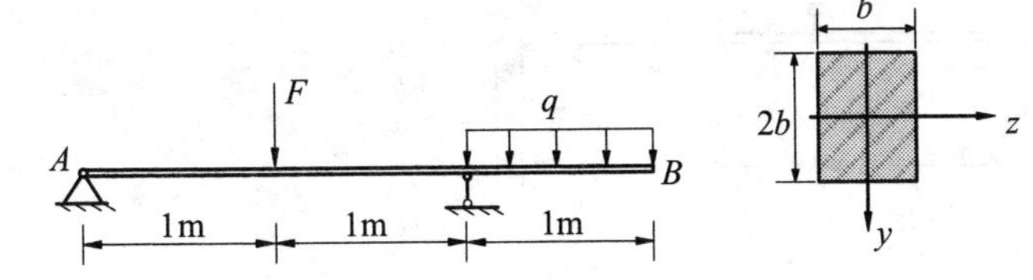

5. 如图所示简支梁，在距离 A 点处作用一集中荷载 $F=10\text{kN}$，横截面为矩形尺寸如图。当梁的许用荷载 $[\sigma]=8\text{kPa}$，试绘出 AB 梁的剪力图与弯矩图，并校核杆件的强度。

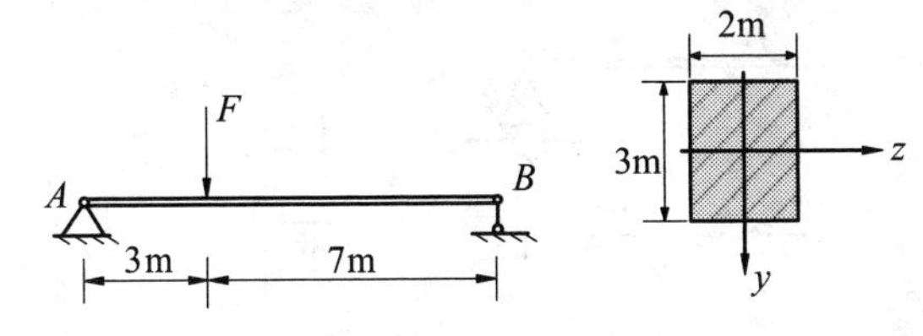

6. 20a 工字钢梁的支承和受力情况如图所示，若$[\sigma]=160\text{MPa}$，试求许可载荷。

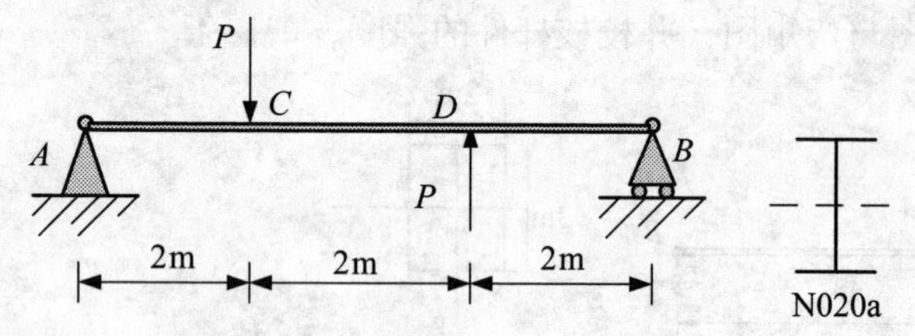

7. 试用叠加法求如图所示悬臂梁自由端截面 B 的转角和挠度，梁弯曲刚度 EI 为常量。

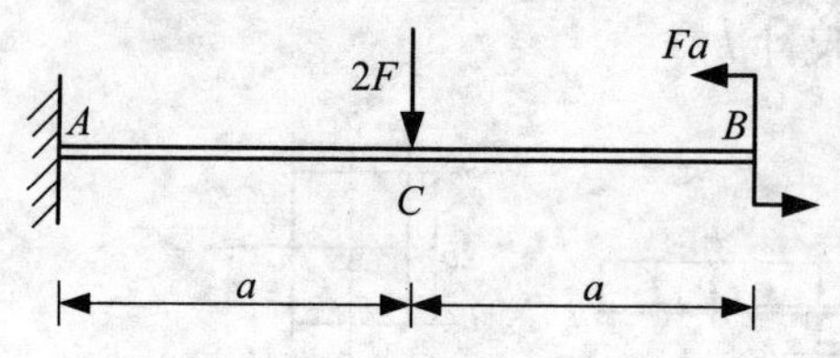

8. 试用积分法和叠加法求如图所示梁截面 A 的挠度、截面 B 的转角，梁弯曲刚度 EI 为常量。

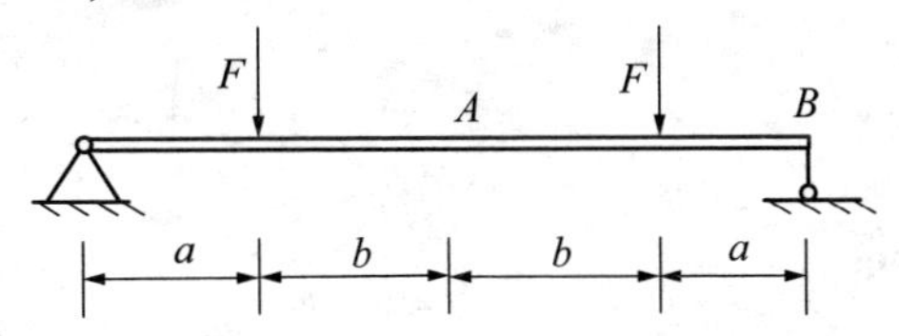

知识目标、培养方向

第9章　组合变形杆件的强度问题

一、知识目标

- 掌握斜弯曲、拉伸(压缩)与弯曲、弯曲与扭转等三种组合变形的外力特点和变形特点。
- 掌握基本变形的应用范围和叠加原理及其应用前提。
- 熟练分析组合变形杆件的应力状态，并学会用适当的强度理论进行强度校核。

二、培养方向

在工程实际中，在载荷作用下，许多杆件将产生两种或两种以上的基本变形。培养学生能够根据实际受力情况，分析构件的变形情况，从而进行强度校核。

知识点导向图

- **组合变形杆件的强度问题**
  - 组合变形的概念和计算方法
    - 组合变形的概念：杆件在外力作用下同时产生两种或两种以上的同数量级的基本变形的情况称为组合变形
    - 组合变形的计算方法：叠加原理(深刻理解其内涵)
    - 斜弯曲的概念
    - 斜弯曲的强度
    - 斜弯曲的刚度
    - 拉伸或压缩与弯曲的组合
      - (1) 轴向力与横向力组合的应力：$\sigma_{max} = \frac{F_N}{A} + \frac{M_{max}}{W}$
      - (2) 偏心力引起的弯曲与拉伸(压缩) 组合的应力：$\sigma = \sigma' + \sigma'' + \sigma''' = -\frac{F_N}{A} \pm \frac{M_y z}{I_y} \pm \frac{M_z y}{I_z}$
      - (3) 偏心力引起的弯曲与拉伸(压缩) 组合的应力条件：$\sigma_{tmax} \leqslant [\sigma_t]$，$\sigma_{cmax} \leqslant [\sigma_c]$
  - 截面核心的概念：当偏心力的作用点位于截面形心附近某一区域内时，杆的横截面上只产生一种符号的正应力，这一区域称为截面核心

一、判断题

1. 偏心拉伸(压缩)实质上是平面弯曲与扭转的组合变形。 (　　)
2. 弯曲与拉伸(压缩)组合变形时，杆的正应力危险点处的切应力为零。 (　　)
3. 作用线平行于杆轴线但不相重合的纵向力称为偏心力。 (　　)
4. 纵横弯曲的问题，一般能够应用叠加原理。 (　　)
5. 中性轴是一条不通过截面形心的直线。 (　　)
6. 危险点处只有正应力，是单向应力状态。 (　　)
7. 由于偏心力作用下各杆横截面上的内力、应力均相同，故任一截面上的最大正应力点即是杆的危险点。 (　　)
8. $e>h/6$，截面全部受压。 (　　)
9. $F_{\gamma}=F\cos\varphi$。 (　　)
10. 外力所在平面与梁变形以后的轴线所在的平面重合，这种变形称为斜弯曲。 (　　)

二、单项选择题

1. 偏心压缩时，截面的中性轴与外力作用点位于截面形心的两侧，则外力作用点到形心之距离 e 和中性轴到形心距离 d 之间的关系为(　　)。

   (A) $e=d$　　(B) $e>d$

   (C) e 越小，d 越大　　(D) e 越大，d 越小

2. 三种受压杆如图所示，设杆①、杆②和杆③中的最大压应力(绝对值)分别用 $\sigma_{\max1}$、$\sigma_{\max2}$ 和 $\sigma_{\max3}$ 表示，其关系为(　　)。

   (A) $\sigma_{\max1}=\sigma_{\max2}=\sigma_{\max3}$　　(B) $\sigma_{\max1}>\sigma_{\max2}=\sigma_{\max3}$

   (C) $\sigma_{\max1}>\sigma_{\max2}=\sigma_{\max3}$　　(D) $\sigma_{\max1}<\sigma_{\max2}=\sigma_{\max3}$

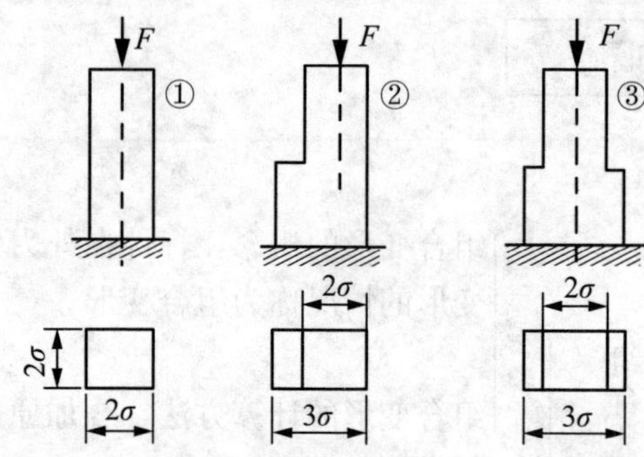

3. 如图所示杆件中，最大压应力发生在截面上的哪一点？正确答案为(　　)。

   (A) A 点　　(B) B 点　　(C) C 点　　(D) D 点

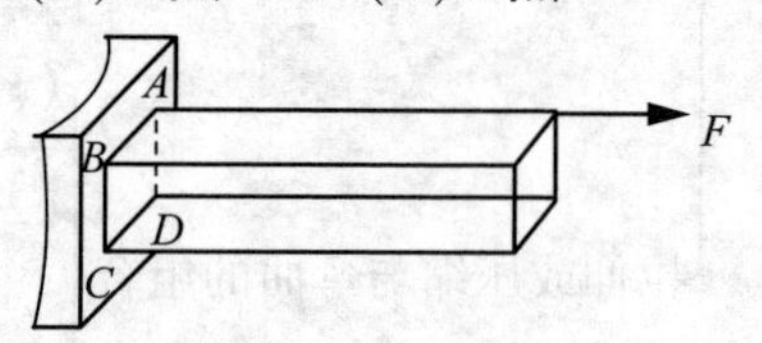

4. 一空心立柱，横截面外边界为正方形，内边界为等边三角形(二图形形心重合)。当立柱受如图所示 a-a 线的压力时，此立柱变形形态为(　　)。

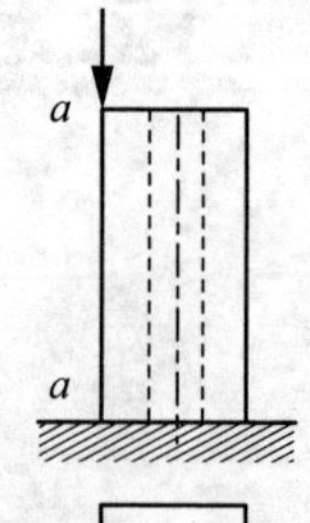

(A)斜弯曲与中心压缩组合　(B)平面弯曲与中心压缩组合

(C)斜弯曲　　(D)平面弯曲

5. 铸铁构件受力如图所示，其危险的位置为(　　)。

(A)①点　(B)②点　(C)③点　(D)④点

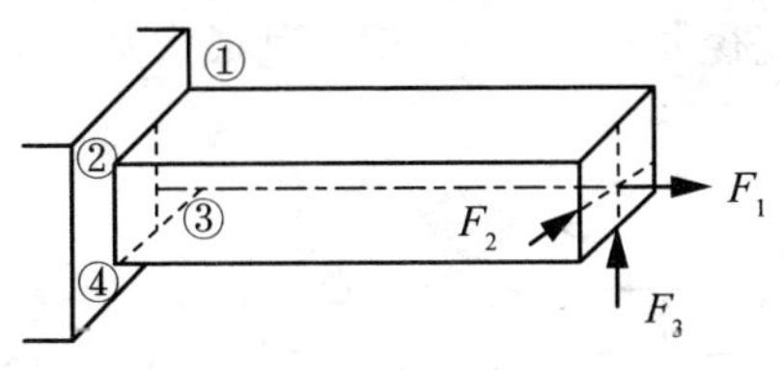

6. 如图所示矩形截面拉杆中间开一深度为 $h/2$ 的缺口，与不开口的拉杆相比，开口处的最大应力的增大倍数为(　　)。

(A)2 倍　(B)4 倍　(C)8 倍　(D)16 倍

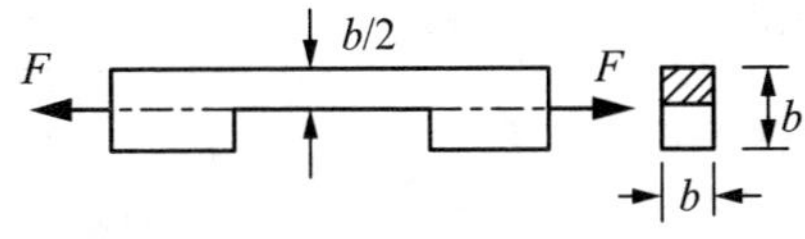

7. 三种受压杆件如图所示，设杆①、杆②和杆③中的最大压应力(绝对值)分别用 σ_{max1}、σ_{max2} 和 σ_{max3} 表示，其关系为(　　)。

(A) $\sigma_{max1}<\sigma_{max2}<\sigma_{max3}$　(B) $\sigma_{max1}<\sigma_{max2}=\sigma_{max3}$

(C) $\sigma_{max1}<\sigma_{max3}<\sigma_{max2}$　(D) $\sigma_{max1}=\sigma_{max3}<\sigma_{max2}$

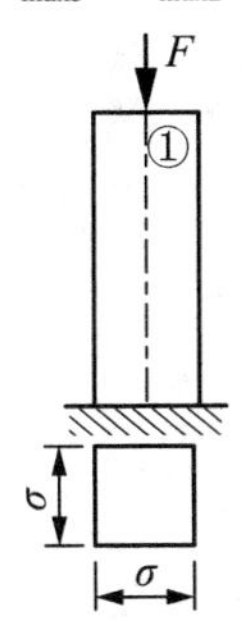

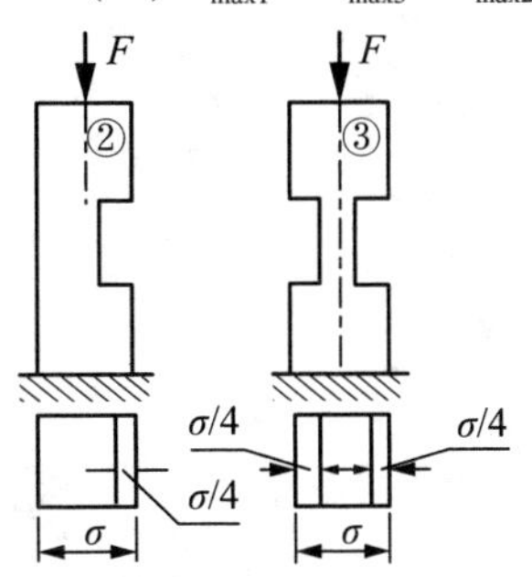

三、简答思考题

1. 什么是组合变形？

2. 求解组合变形的关键是什么？

3. 应用叠加原理的条件是什么？

4. 斜弯曲的强度条件是什么？

5. 什么是截面核心？

6. 弯曲与扭转组合变形的强度条件是什么？

四、计算题

1. 如图所示，悬臂梁受到 F_1 和 F_2 两个横向力的作用。已知 $F_1=800\text{N}$，$F_2=1650\text{N}$，$L=1\text{m}$，$b=90\text{mm}$，$h=180\text{mm}$，$E=10\text{GPa}$。试求梁中最大正应力及其作用点的位置，并求该梁的最大挠度。若横截面改为圆形，直径 $d=130\text{mm}$，试求其最大正应力。

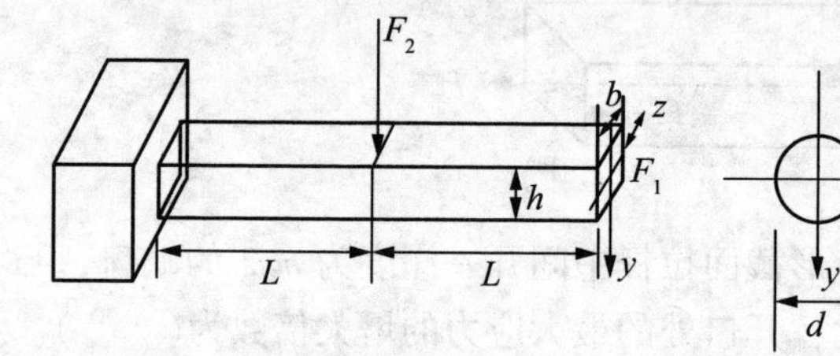

2. 14 号工字钢悬臂梁受力情况如图所示。已知 $l=0.8\text{m}$，$F_1=2.5\text{kN}$，$F_2=1\text{kN}$，试求危险截面上的最大正应力。

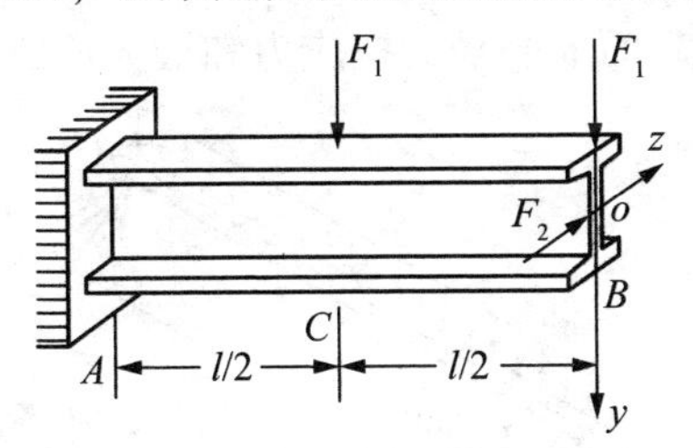

3. 如图所示屋架檩条计算简图，已知檩条跨度 $l=4\text{m}$，均布载荷 $q=2\text{kN/m}$，矩形截面 $b=120\text{mm}$，$h=160\text{mm}$，所用松木的弹性模量 $E=10\text{GPa}$，许用应力 $[\sigma]=12\text{MPa}$，檩条许用挠度 $[w]=l/150$，试校核的强度和刚度。

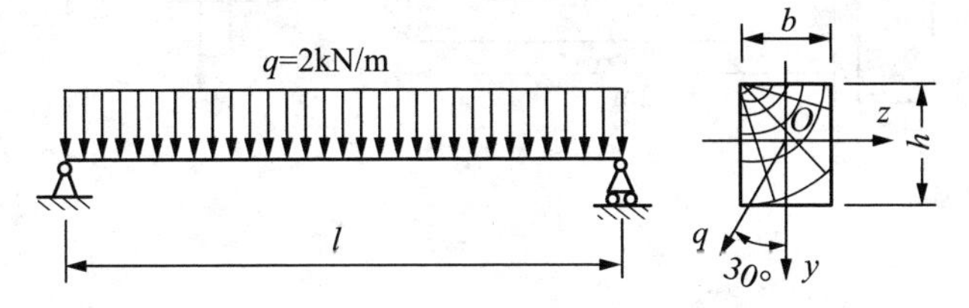

4. 矩形截面悬臂梁如图所示，若 $F=240\text{N}$，$h/b=2$，$[\sigma]=10\text{Pa}$，试选择截面尺寸。

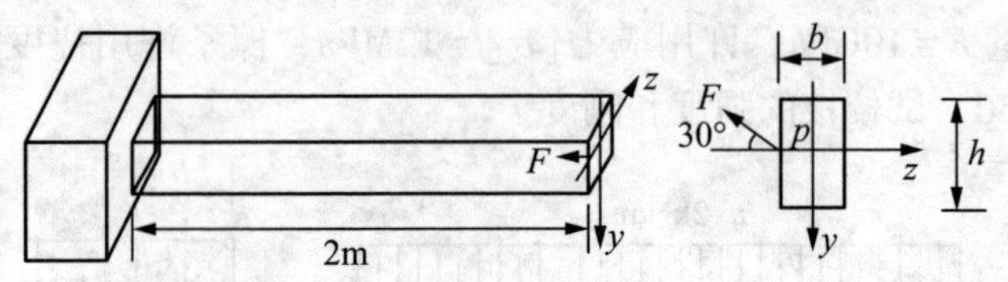

5. 如图所示一楼梯木斜梁的长度 $l=4\text{m}$，矩形截面 $b=100\text{mm}$，$h=200\text{mm}$，受均布载荷作用 $q=2\text{kN/m}$。试作梁的轴力图和弯矩图，并求横截面上的最大拉应力和最大压应力。

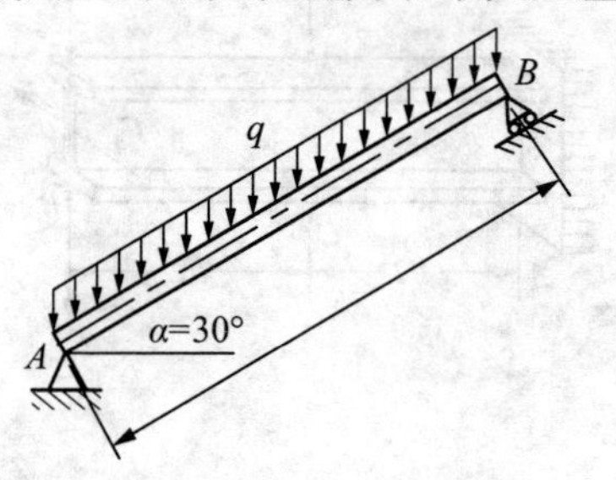

6. 如图所示为悬臂滑车架，杆 AB 采用 18 号工字钢，其长度为 $l=2.6\text{m}$。试求当载荷 $F=25\text{kN}$ 作用在 AB 的中点 D 处时，杆内的最大正应力。

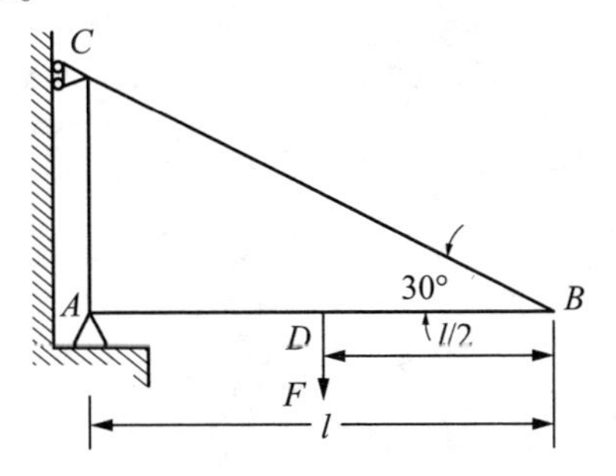

7. 如图所示，一矩形截面柱子受压力 $F_1=100\text{kN}$，$F_2=45\text{kN}$ 作用，F_2与柱轴线有一偏心距 $e_z=20\text{cm}$，截面尺寸 $b=180\text{mm}$，$h=300\text{mm}$，求该柱的最大拉应力和最大压应力值。如果不允许出现拉应力，截面高度应为多少？此时最大压应力为多少？

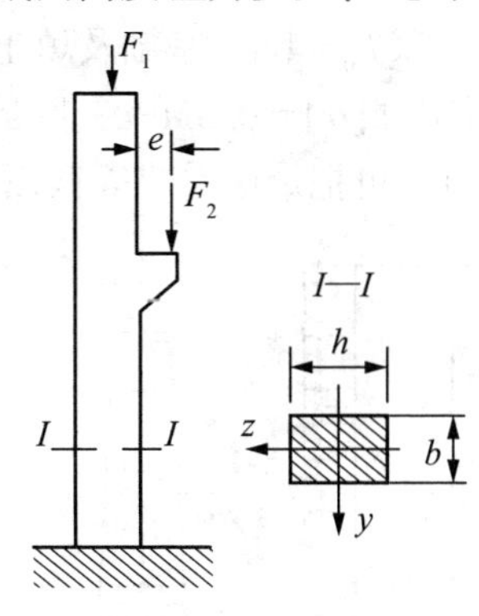

8. 如图所示，砖砌烟囱高 $h=30\text{m}$，底截面 $m—m$ 的外径 $d_1=130\text{mm}$，内径 $d_2=130\text{mm}$，自重 $P_1=2000\text{kN}$，受 $q=1\text{kN/m}$ 的风力作用。试求：

(1)烟囱底截面上的最大压应力。

(2)若烟囱的基础埋深 $h_0=4\text{m}$，基础及填土自重按 $P_2=1000\text{kN}$ 计算，土壤的许用应力 $[\sigma]=0.3\text{MPa}$，圆形基础的直径 D 应为多大？(计算风力时，可把烟囱看成等截面)

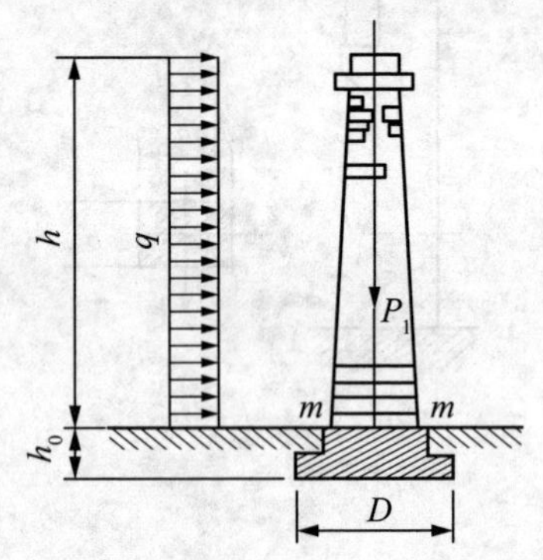

知识目标、培养方向

第 10 章　应力状态和强度理论

一、知识目标

- 明确研究一点处应力状态的方法——单元体法。
- 了解计算一点处任意斜截面应力的解析法，掌握并会应用应力圆法来描述一点处的应力状态，判定主平面的位置及主应力的大小。
- 了解复杂应力状态下的强度理论。

二、培养方向

通过本章的学习，理解一点处的应力状态，并根据已知杆件上一个点一个方向的应力状态来判定任意方向的应力状态，寻找构件破坏的机理，给出相应的强度理论，以达到合理地设计工程中的构件的目的。

知识点导向图

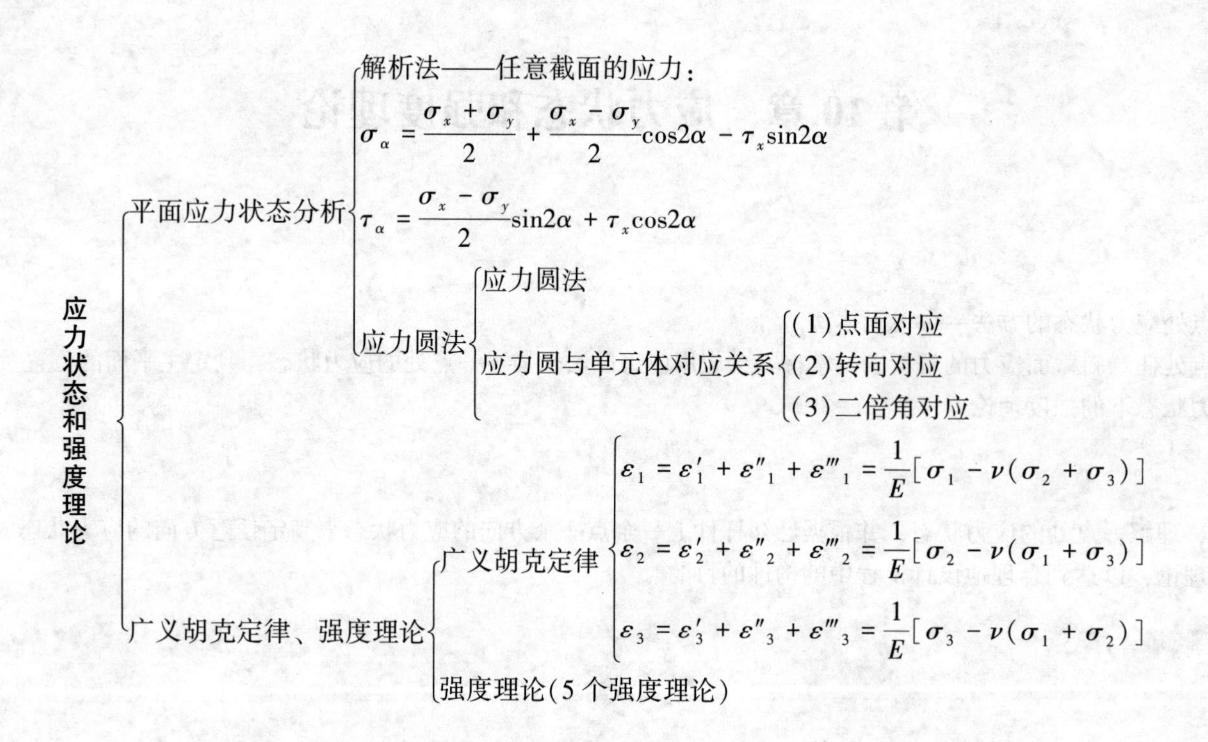

应力状态和强度理论
平面应力状态分析
解析法——任意截面的应力：
$\sigma_\alpha = \frac{\sigma_x + \sigma_y}{2} + \frac{\sigma_x - \sigma_y}{2}\cos 2\alpha - \tau_x \sin 2\alpha$
$\tau_\alpha = \frac{\sigma_x - \sigma_y}{2}\sin 2\alpha + \tau_x \cos 2\alpha$
应力圆法
应力圆法
应力圆与单元体对应关系
(1)点面对应
(2)转向对应
(3)二倍角对应
广义胡克定律、强度理论
广义胡克定律
$\varepsilon_1 = \varepsilon'_1 + \varepsilon''_1 + \varepsilon'''_1 = \frac{1}{E}[\sigma_1 - \nu(\sigma_2 + \sigma_3)]$
$\varepsilon_2 = \varepsilon'_2 + \varepsilon''_2 + \varepsilon'''_2 = \frac{1}{E}[\sigma_2 - \nu(\sigma_1 + \sigma_3)]$
$\varepsilon_3 = \varepsilon'_3 + \varepsilon''_3 + \varepsilon'''_3 = \frac{1}{E}[\sigma_3 - \nu(\sigma_1 + \sigma_2)]$
强度理论(5 个强度理论)

一、判断题

1. 构件内部某点不同方位面上应力状态通常是不同的，横截面上不同点的应力情况也是不同的。 ( )
2. 分析一点处应力情况通常采取应力单元体的方法。 ( )
3. 剪应力等于零的平面称为主平面，主平面上的正应力称为主应力。 ( )
4. 平面应力状态分析方法有解析法和应力圆法，工程中主要用的是解析法。 ( )
5. 二向或三向应力状态称为复杂应力状态，单向称为简单应力状态。 ( )
6. 强度理论分为两类：一类是解释断裂失效的，其中有最大拉应力理论和最大拉应变理论；另一类是解释屈服失效的，最大剪应力理论和形状改变比能理论。 ( )
7. 材料之所以按某种方式失效，是应力、应变或变性能等因素中的某一因素引起的，无论是简单或复杂应力状态，引起失效的因素是相同的，即造成失效的原因与应力状态无关。 ( )
8. 一般脆性材料选用第三或第四强度理论。 ( )
9. 通过受力构件内的任意一点，有且只有一个主平面。 ( )
10. 受力构件内最大最小剪应力所在平面和主平面成45°。 ( )

二、单项选择题

1. 一点的应力状态是指( )。
   (A)受力构件横截面上各点的应力情况
   (B)受力构件各点横截面上的应力情况
   (C)构件未受力之前，各质点之间的相互作用力状况
   (D)受力构件内某一点在不同横截面上的应力情况
2. 一个实心均质钢球，当其外表面迅速均匀加热，则球心 O 点处的应力状态是( )。
   (A)单向拉伸应力状态
   (B)平面应力状态
   (C)三向等值拉伸应力状态
   (D)三向等值压缩应力状态
3. 受力物体内一点处，其最大应力所在平面上的正应力( )。
   (A)一定为最大 (B)一定为零
   (C)不一定为零 (D)一定不为零
4. 单向应力状态下所对应的应变状态是( )。
   (A)单向应变状态 (B)平面应变状态
   (C)双向拉伸应变状态 (D)三向应变状态
5. 低碳钢制成的螺杆受拉时，在螺栓根部发生破坏，其原因是( )。
   (A)螺杆根部的最大剪应力达到材料剪切极限而发生破坏
   (B)螺杆根部的轴向拉应力达到材料拉伸极限而发生破坏
   (C)螺杆根部引起三向拉伸，使塑性变形难以发生而到致材料发生脆性断裂
   (D)螺杆根部纵向应变达到材料极限应变而发生断裂
6. 淬火钢球以高压作用于铸铁板上，铸铁板的接触点处出现明显的凹坑，其原因是( )。
   (A)铸铁为塑性材料
   (B)铸铁在三向压应力状态下产生塑性变形
   (C)铸铁在单向压应力作用下产生弹性变形
   (D)材料剥脱
7. 混凝土立方试块在作单向压缩试验时，若在其上、下表面涂上

润滑剂，则试块破坏时将沿纵向裂开，其主要原因是(　　)。

(A)最大压应力　　(B)最大剪应力

(C)最大伸长线应变　　(D)存在横向拉应力

8. 一中空钢球，内径 $d=20\text{cm}$，内压 $p=15\text{MPa}$，材料的许用应力 160MPa，则钢球壁厚 t 至少是(　　)。

(A) $t=47\text{mm}$　　(B) $t=2.34\text{mm}$

(C) $t=4.68\text{mm}$　　(D) $t=9.38\text{mm}$

9. 将沸水注入厚玻璃杯中，有时玻璃杯会发生破裂，这是因为(　　)。

(A)热膨胀时，玻璃杯环向线应变达到极限应变，从内、外壁同时发生破裂

(B)玻璃材料抗拉能力弱，玻璃杯从外壁开始破裂

(C)玻璃材料抗拉能力弱，玻璃杯从内壁开始破裂

(D)水作用下，玻璃杯从杯底开始破裂

10. 铸铁试件在单向压缩时，其破坏面与压力轴线约成39°，这种破坏原因是(　　)。

(A)最大压应力

(B)39°斜截面上存在最大拉应力

(C)39°斜截面上存在最大拉应变

(D)剪应力和正应力共同作用结果

三、简答思考题

1. 为什么要研究一点应力状态？

2. 二向应力状态下，总可以不经计算而确定一对主平面和一组主应力，为什么？

3. 铸铁压缩时，沿与轴线约成45°的斜截面发生破坏且断口呈错动光滑状，为什么？

4. 何谓主应力轨迹线？并说说在工程上的用途。

5. 怎样研究构件内危险截面危险点处的应力？描述用应力圆确定该点最大应力的过程。

6. 试举例说明在工程中或生活中存在三向应力状态的问题。

四、计算题

1. 如图所示矩形截面梁的某个截面的弯矩、剪力分别为 $M=10\text{kN}\cdot\text{m}$，$Q=120\text{kN}$。试绘出截面上 1、2、3、4 各点应力状态的单元体，并求其主应力。

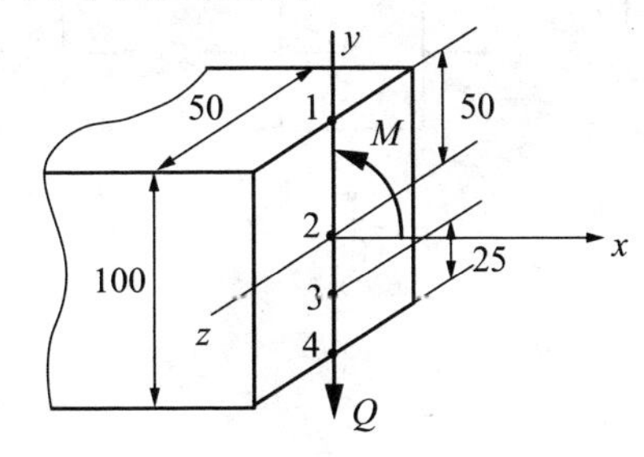

2. 如图所示应力状态的应力单位为 MPa，试用解析法求出指定斜截面上的应力。

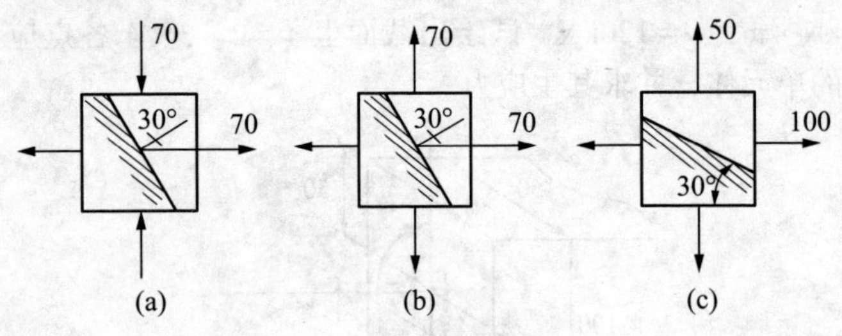

3. 在如图所示的各单元体中，试用解析法和图解法求斜截面 ab 上的应力(图中应力单位为 MPa)。

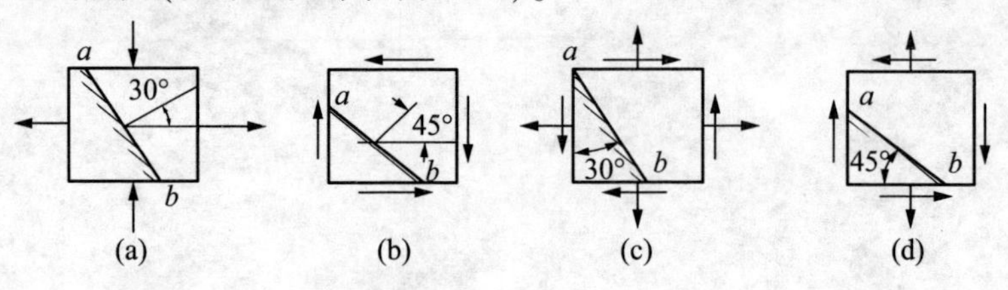

4. 已知应力状态如图所示，试用解析法及图解法求：(1)主应力的大小，主平面的位置；(2)在单元体上绘出主平面位置及主应力方向；(3)最大切应力。图中应力单位为 MPa。

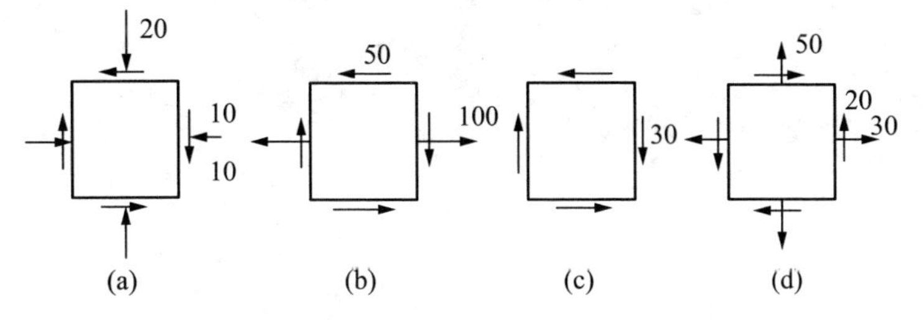

5. 矩形截面梁的尺寸如图所示，已知载荷 $F=256\mathrm{kN}$。试求：(1)若以纵横截面截取单元体，求各指定点(1～5 点)的单元体各面上的应力；(2)用图解法求解点 2 处的主应力。

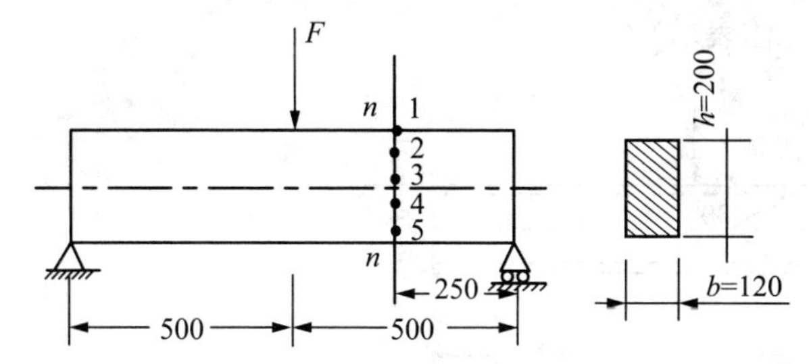

6. 如图所示简支梁为 32a 工字钢，$F=140\text{kN}$，$l=4\text{m}$。A 点所在截面在集中力 F 的左侧，且无限接近 F 力作用的截面。试求：(1)A 点在指定斜截面上的应力；(2)A 点的主应力及主平面的位置(用单元体表示)。

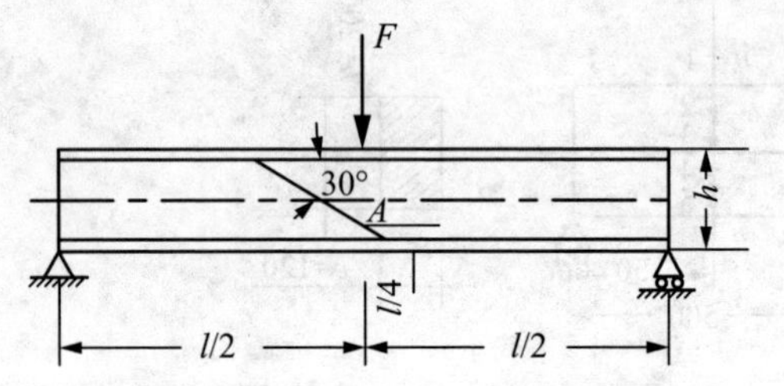

7. 已知材料的弹性常数 E、μ，若测得构件上某点平面应力状态下的主应变 ε_1 和 ε_2，则另一个主应变 ε_3 是多少？

8. 从钢构件内某一点周围取一单元体如图所示，已知 $\sigma=30\text{MPa}$，$\tau=15\text{MPa}$，材料弹性常数 $E=200\text{GPa}$，$\nu=0.30$。试求对角线 AC 的长度改变 Δl。

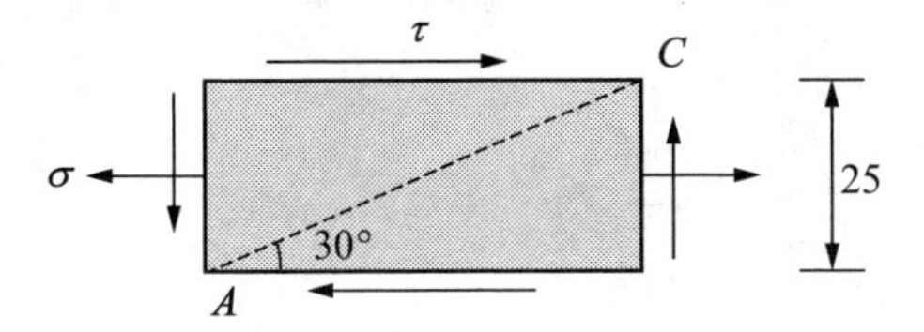

9. 如图所示，已知薄壁容器的平均直径 $D_0=100\text{cm}$，容器内压 $P=3.6\text{MPa}$，扭转力矩 $M_T=314\text{kN}\cdot\text{m}$，材料许用应力 $[\sigma]=160\text{MPa}$。试按第三和第四强度理论设计此容器的壁厚 t。

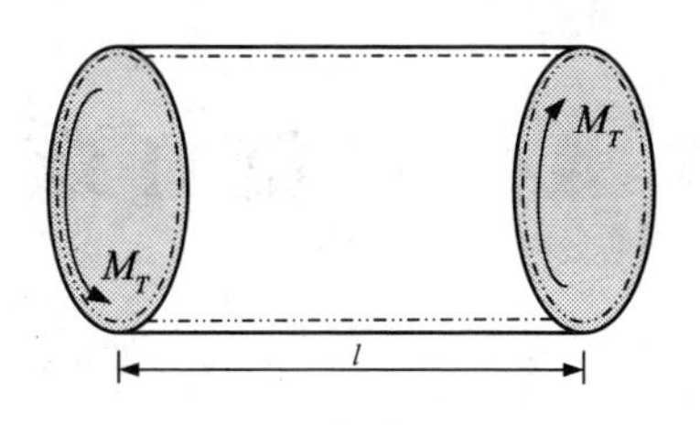

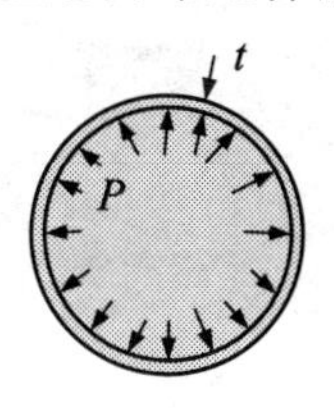

知识目标、培养方向

第11章　压杆稳定

一、知识目标

- 了解压杆失稳的概念、临界力及临界应力，掌握欧拉公式及适用范围。
- 了解细长压杆临界压力的欧拉公式推导过程。
- 掌握并会应用欧拉公式、经验公式进行压杆的稳定性计算。

二、培养方向

压杆稳定性问题是材料力学的主要研究任务之一，学习本章内容，能够使学生理解压杆稳定的基本概念及其计算方法，旨在培养学生应用力学的思维去解决工程实际中存在的压杆稳定问题。

知识点导向图

压杆稳定问题

- 概念
  - 失稳
  - 柔度
  - 临界力与临界应力：$\sigma_{cr} = \dfrac{\pi^2 E}{\lambda^2}$
- 压杆分类及临界应力
  - 中柔度杆(中长杆) $\lambda_p > \lambda \geqslant \lambda_s$，$\sigma_{cr} = a - b\lambda$
  - 小柔度杆(短粗杆) $\lambda_s > \lambda$
    - $\sigma_{cr} = \sigma_s$(塑料材料)
    - $\sigma_{cr} = \sigma_s$(脆性材料)
- 压杆的稳定计算
  - 压杆的稳定条件
    - $F \leqslant \dfrac{F_{cr}}{n_w} = [F_{cr}]$
    - $\sigma = \dfrac{F}{A} \leqslant \phi[\sigma]$
    - $\sigma \leqslant \dfrac{\sigma_{cr}}{n_w} = [\sigma_{cr}]$
  - 稳定计算
    - 稳定校核
    - 确定许用荷载
    - 选择截面

一、判断题

1. 压杆的临界压力(或临界应力)与作用载荷大小有关。 ( )
2. 两根材料、长度、截面面积和约束条件都相同的压杆，其临界压力也一定相同。 ( )
3. 压杆的临界应力值与材料的弹性模量成正比。 ( )
4. 细长压杆，若其长度系数增加一倍，P_{cr} 增加到原来的4倍。 ( )
5. 一端固定，一端自由的压杆，长1.5m，压杆外径 $D=76$mm，内径 $d=64$mm。材料的弹性模量 $E=200$GPa，压杆材料的 λ_p 值为100，则杆的临界应力 $\sigma_{cr}\approx135$MPa。 ( )
6. 上题压杆的临界力为 $P_{cr}=178$kN。 ( )
7. 压杆失稳的主要原因是由于外界干扰力的影响。 ( )
8. 同种材料制成的压杆，其柔度越大越容易失稳。 ( )
9. 压杆的临界压力与材料的弹性模量成正比。 ( )
10. 两根材料、长度、横截面面积和约束都相同的压杆，其临界力也必定相同。 ( )
11. 若细长压杆的长度加倍，其他条件不变，则临界力变为原来的1/4；若长度减半，则临界力变为原来的4倍。 ( )
12. 满足强度的压杆不一定满足稳定性；满足稳定性的压杆也不一定满足强度。 ( )

二、单项选择题

1. 细长压杆，若其长度系数增加一倍，则( )。

   (A) P_{cr} 增加一倍　　(B) P_{cr} 增加到原来的4倍

   (C) P_{cr} 为原来的1/2　　(D) P_{cr} 增为原来的1/4

2. 下列结论中正确的是( )。

   (1)若压杆中的实际应力不大于该压杆的临界应力，则杆件不会失稳；

   (2)受压杆件的破坏均由失稳引起；

   (3)压杆临界应力的大小可以反映压杆稳定性的好坏；

   (4)若压杆中的实际应力大于 $\sigma_{cr}=\dfrac{\pi^2E}{\lambda^2}$，则压杆必定破坏。

   (A)(1)，(2)　　(B)(2)，(4)

   (C)(1)，(3)　　(D)(2)，(3)

3. 压杆失稳是指在轴向压力作用下( )。

   (A)局部横截面的面积迅速变化

   (B)危险面发生屈服或断裂

   (C)不能维持平衡状态而发生运动

   (D)不能维持直线平衡而发生弯曲

4. 细长杆承受轴向压力 P，杆的临界压力 P_{cr} 与( )无关。

   (A)杆的材质　　(B)杆长

   (C)杆承受的压力　　(D)杆的形状

5. 图示中钢管在常温下安装，钢管( )会引起钢管的失稳。

   (A)温度降低

   (B)温度升高与降低都会引起失稳

   (C)温度升高

   (D)温度升高或降低都不会引起失稳

6. 采用( )措施，并不能提高细长杆的稳定性。

   (A)选择合理的截面形状　(B)提高表面光洁度

   (C)降低工作柔度　　(D)选用优质钢

7. 两端铰支的细长压杆，在长度一半处增加一活动铰支。用欧拉公式计算临界压力时，临界压力是原来的( )倍。

(A)1/4　　　　(B)1/2

(C)2　　　　(D)4

8. 在横截面面积相等，其他条件均相同的条件下，压杆采用(　　)截面形式，稳定性最好。

(A)

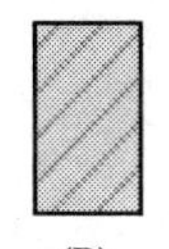
(B)

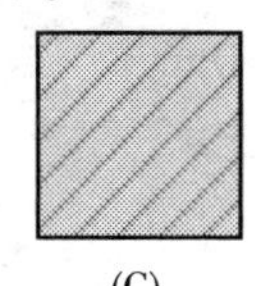
(C)

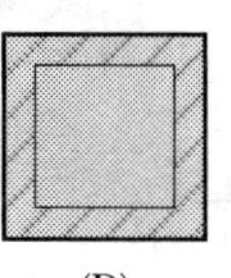
(D)

9. 压杆的失稳将在(　　)纵向面内发生。

(A)长度系数大　　　　(B)惯性半径小

(C)工作柔度大　　　　(D)工作柔度小

10. 矩形截面压杆，$b:h=1:2$；如果将 b 改为 h 后仍为细长杆，则临界力 P_{cr} 是原来的(　　)倍。

(A)16　　(B)8　　(C)4　　(D)2

三、简答思考题

1. 什么是临界力？什么是临界应力？

2. 简述欧拉公式的适用范围。

3. 何谓压杆的柔度？其物理意义是什么？

4. 如何用折减系数法计算压杆的稳定性问题？

5. 用自己的语言简单陈述稳定平衡、随遇平衡、不稳定平衡。

四、计算题

1. 如图所示的结构，杆①和杆②的横截面均为圆形，直径 d_1 = 30mm，两杆材料的弹性模量 E = 200GPa，计算中柔度杆，经验公式中 a = 304MPa，b = 1. 12MPa，柔度界限值 $\lambda_p = 100$，λ_s = 60，稳定安全系数取 $n_{st} = 3$，求压杆 AB 允许的许可载荷 P。

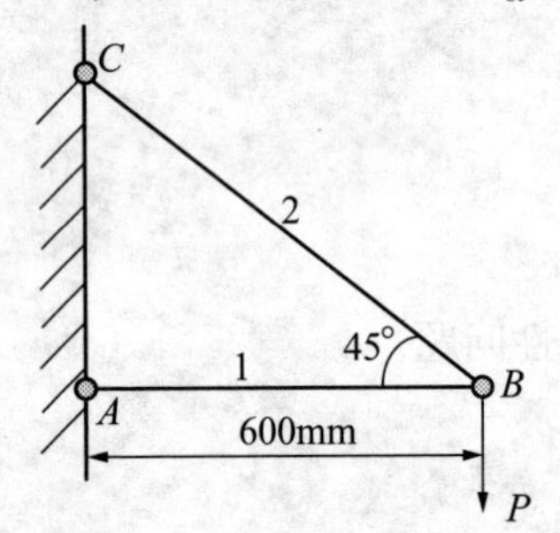

2. 如图所示为两端球形的铰支细长压杆，弹性模量 E = 200GPa。试用欧拉公式分别计算下列三种截面条件下的临界荷载：
(1)圆形截面，d = 25mm，l = 1. 0m；
(2)矩形截面，$h = 2b$ = 40mm，l = 1. 0m；
(3)16 工字钢，l = 2. 0m。

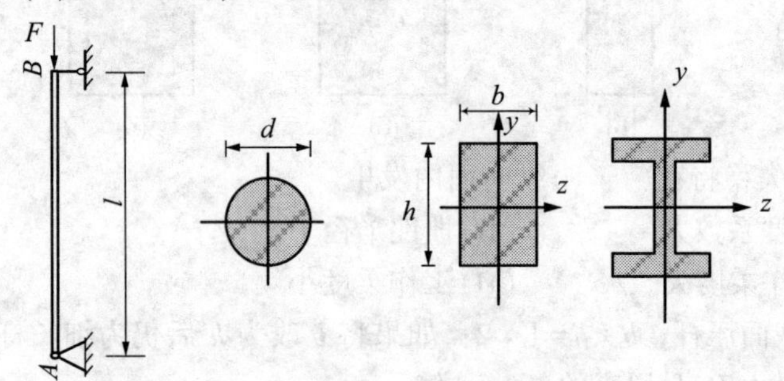

3. 如图所示矩形截面压杆，有三种支撑方式。杆长 $l=300\text{mm}$，截面宽度 $b=20\text{mm}$，宽度 $h=12\text{mm}$，弹性模量 $E=70\text{GPa}$，$\lambda_p=50$，$\lambda_0=30$，中柔度杆的临界应力公式为：$\sigma_{cr}=382\text{MPa}-(2.18\text{MPa})\lambda$。试计算它们的临界荷载，并进行比较。

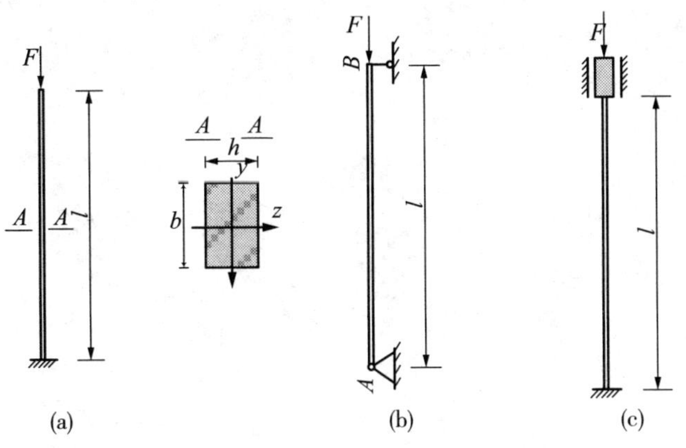

4. 如图所示压杆，截面有四种形式，但它们的面积均为 $A=3.2\times 10\text{mm}^2$，弹性模量 $E=70\text{GPa}$。试计算它们的临界荷载，并进行比较。

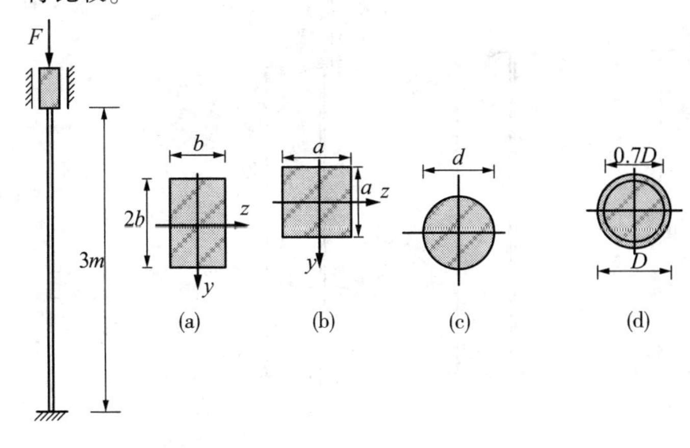

5. 如图所示三细长杆，直径均为 d，材料均为 A3 钢，但支撑和长度不同，若 $d=160\text{mm}$，试求其中最大的临界荷载。

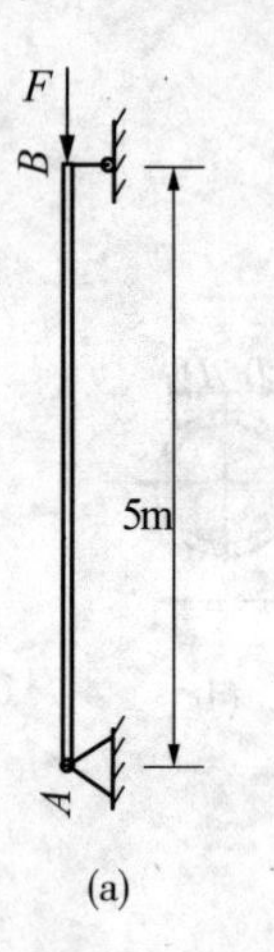

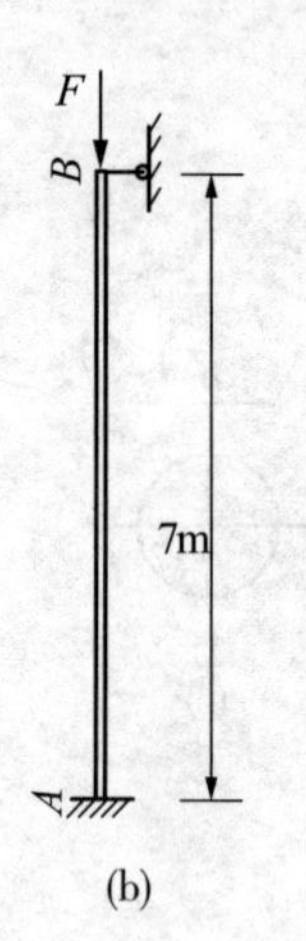

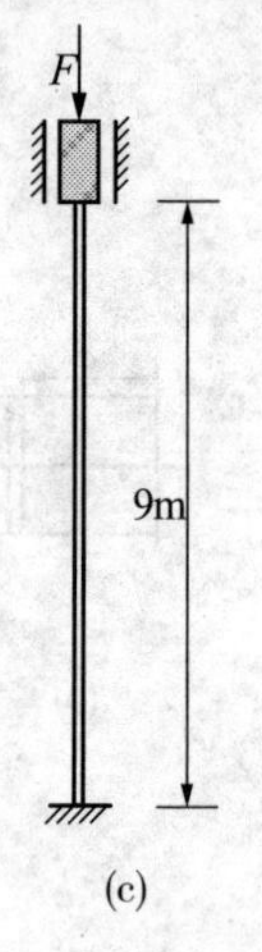